不同土壤添加剂对三七种植区
砷污染土壤的修复效果研究

曾宪彩　著

黄河水利出版社

·郑　州·

图书在版编目(CIP)数据

不同土壤添加剂对三七种植区砷污染土壤的修复效果
研究/曾宪彩著. —郑州:黄河水利出版社,2019.6
ISBN 978 - 7 - 5509 - 2367 - 6

Ⅰ.①不⋯　Ⅱ.①曾⋯　Ⅲ.①三七 - 农业区 - 砷 -
土壤污染 - 修复 - 效果 - 研究　Ⅳ.①S567.23②X53

中国版本图书馆 CIP 数据核字(2019)第 099369 号

组稿编辑:贾会珍　　　电话:0371 - 66028027　　　E - mail:110885539@ qq. com

出　版　社:黄河水利出版社　　　　　　　　网址:www. yrcp. com
　　　　地址:河南省郑州市顺河路黄委会综合楼 14 层　邮政编码:450003
发行单位:黄河水利出版社
　　　　发行部电话:0371 - 66026940、66020550、66028024、66022620(传真)
　　　　E-mail:hhslcbs@ 126. com
承印单位:河南新华印刷集团有限公司
开本:890 mm × 1 240 mm　1/16
印张:8
字数:201 千字　　　　　　　　　　　　　　印数:1—1 000
版次:2019 年 6 月第 1 版　　　　　　　　　　印次:2019 年 6 月第 1 次印刷

定价:48.00 元

前　言

　　我国中药资源储量丰富,具有悠久的药用植物栽培历史,我国的中药产业也正在迅速发展。但是,近年来出口西方国家的中药材常常会被扣留或者退回,这使我国中药产业对外贸易遭受了巨大的损失,严重限制了中药产业的发展。造成中药材无法走出国门的一个主要原因是中药材中重金属及砷等有害元素含量超标。据不完全统计,我国出口的中药材中,不合格产品占30%左右的比例,影响十分严重。采取有效措施,降低中药材中有害元素的含量,提高药材品质是解决中药材产业发展困境的当务之急。

　　三七作为一种具有消肿定痛、止血化瘀功效的中药材,应用十分广泛,以三七为原料的中成药产品已有400多个。三七已成为仅次于人参的大宗中药材,其安全性与服用者的健康密切相关,影响非常广泛。由于连作障碍,适宜三七种植的土地急剧下降,农药化肥的不当使用以及高砷背景的土壤环境,使得三七中砷含量超标的现象越来越严重,这对于三七的安全使用是一个巨大的威胁。目前急需寻找有效方法解决土壤及三七的砷污染问题,降低三七中砷富集并且不影响三七的正常生长,以保障三七的药材品质,促进三七产业的可持续发展。

　　土壤中有效态砷是决定植物砷富集的最主要的因素,因此降低土壤中有效态砷含量是降低植物体内砷含量的一项有效措施。目前,采用钝化剂原位固化土壤中的砷是修复农田砷污染土壤常用的一种方法。钝化剂的种类很多,不同的钝化材料在固化土壤中的砷,降低砷的生物有效性的同时可能会改变土壤其他方面的理化性质,或者可能会对生长在土壤上的植物产生不利的影响。本书主要从添加磷、硫、硅肥和添加钝化材料两个方面来研究不同措施对砷污染土壤中三七砷富集的影响,同时研究不同添加剂对三七生长以及主要皂苷类药效成分含量的影响,以期找出降低高砷土壤中三七砷富集的有效方法,为有效利用三七种植区土地资源,保障三七安全提供一定的科学依据和理论支持。

　　本书通过盆栽试验研究了营养元素添加剂及钝化剂这两大类土壤添加剂对砷污染土壤中三七各部位砷富集及转运的影响;研究了在钝化剂处理下不同生长期三七根际土壤中砷的赋存形态的变化,探讨三七根中砷含量与土壤中不同形态砷含量之间的关系;同时研究了不同添加剂对砷胁迫下三七生长状况的影响以及抗氧化系统酶的响应,探讨钝化剂对缓解砷对三七毒害效应的机制;并且研究了不同添加剂对砷胁迫下三七根中主要皂苷类药效成分含量的影响,初步探讨了磷、零价铁对砷胁迫下三七根中四种主要药效成分关键酶基因表达量的变化的影响及与皂苷含量之间的相关关系。主要得到了以下结论:

　　(1)磷、硫、硅添加剂均显著降低了生长旺盛期三七根部砷含量,且效果最好的是硫添加剂,其次是磷、硅添加剂;施加磷、硫、硅添加剂均提高了三七根部甲基砷和五价砷的比例,降低了三价砷的比例,且50 mg/kg硅处理使甲基砷占比增加最多,有利于降低三七中的砷对人体的毒性;磷、硫、硅添加剂对三七地上部的形态学指标没有显著性影响,但除了低剂量的磷,其余处理都显著降低了生长旺盛期三七根部生物量,表现出了对三七生物量积累的不利影响。

(2)零价铁、沸石、硅胶、硅藻土添加剂在三七生长旺盛期和成熟期均能显著降低砷污染土壤中三七根部砷含量,且随着生长时间的增长,对降低三七根中砷富集的效果越明显,成熟期时四种钝化剂中降低三七根部砷富集效果最好的是2%的硅胶(显著降低了84.50%),其次为1.5%的沸石(显著降低了84.31%)、2%的硅藻土(显著降低了84.28%)、0.15%的零价铁(显著降低了80.52%)。

(3)零价铁、沸石、硅胶、硅藻土对土壤pH影响幅度不大,成熟期时均促进了根际土壤中非专性吸附态或专性吸附态砷向残渣态砷的转化,降低了土壤中砷的有效性。同时,相关性分析结果表明沸石及硅藻土处理下,三七根中砷含量与土壤中有效态砷含量显著正相关,说明三七根中砷含量降低主要是由于土壤中有效态砷含量的降低。

(4)零价铁、沸石、硅胶、硅藻土对两个时期的三七的地上部形态学指标均无显著性影响,但都使成熟期三七根部生物量提高,且2%硅胶使成熟期三七根部干重增加最多。其中在生长旺盛期,零价铁、沸石、硅胶、硅藻土均可缓解砷对三七的膜脂过氧化损伤,并且零价铁、沸石可提高SOD酶活性,降低POD酶活性,硅胶同时提高了SOD酶、POD酶活性,而硅藻土使SOD酶和POD酶活性都降低,表明添加钝化剂可通过调节抗氧化系统酶活性来缓解砷对三七的毒害效应。

(5)生长旺盛期,低剂量的磷、硫、硅均使三七根中总皂苷含量升高,但高剂量(100 mg/kg)的硫、硅降低了三七根中总皂苷含量;而零价铁、沸石、硅胶、硅藻土仅在成熟期时使三七根中总皂苷含量增加,且2%的硅胶处理下三七总皂苷含量最高(含量5.56%),其次是1.5%的沸石处理(含量5.28%)。相关性分析显示,磷添加剂处理下人参皂苷Rb_1含量与P450基因表达量之间呈极显著正相关,表明磷添加剂可通过刺激P450基因表达量而增加三七根中皂苷的含量。

(6)综合考虑下,2%的硅胶处理既能显著降低砷污染土壤中三七根部对砷的富集,又有利于三七生长和皂苷类药效成分的积累,是最佳的添加剂,其次是沸石、硅藻土、零价铁;低剂量的磷既有利于降低三七根中砷含量又能保持或促进三七根中药效成分的含量,但高剂量的含有钠盐的磷、硫、硅添加剂不适用于处理三七砷污染。

本书通过以上各方面的系统研究,结果表明钝化剂在降低三七砷污染方面的良好效果,并初步探明了钝化剂降低三七根部砷富集的机制,为进一步采取有效的措施降低三七砷污染问题,保证三七的药效品质提供了一定的理论依据和技术支持。

本书由南阳理工学院曾宪彩著。

由于时间和作者水平有限,本书内容难免存在不足之处,请广大读者批评指正。

作　者

2018 年 11 月

目　录

第 1 章 绪 论

1.1 土壤及植物砷污染现状

1.1.1 砷的理化性质、分布及毒性

元素砷(As)位于元素周期表的第 V 主族第四周期,原子序数 33,核外电子排布结构为 $[Ar]3d^{10}4s^24p^3$。砷的性质介于典型金属和典型非金属之间,具有两性元素性质,因此被归类为类金属(或准金属)。单质砷的密度为 5.727 g/cm³,615 ℃时升华,直接成为蒸汽,有蒜臭味,熔点为 814 ℃,不溶于水,溶于硝酸和王水。单质砷具有灰、黄、黑 3 种同分异构体。砷具有多种价态,除了 0 价,砷的化合物主要为 −3 价、+3 价、+5 价。此外,砷还有无机砷(亚砷酸盐、砷酸盐等)和有机砷(一甲基砷酸盐、二甲基砷酸盐等)等存在形式(见图 1-1)。

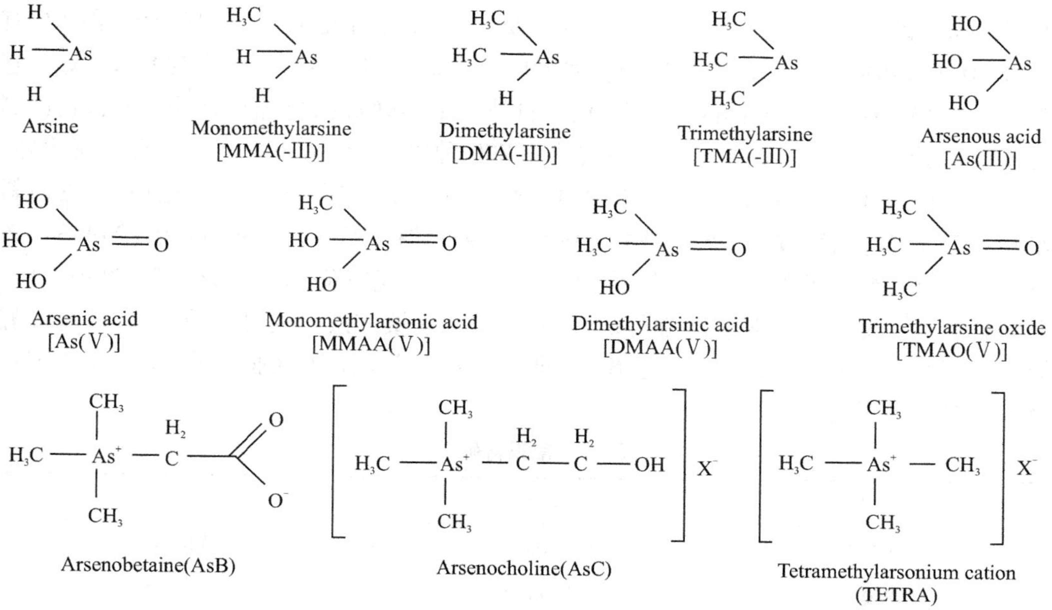

图 1-1 土壤中发现的部分砷化物的结构

Arsenoriboses:

$R = $ Glycerol-ribose

Phosphate-ribose

Sulfate-ribose

Dimethyl(5-ribosyl)arsine oxide

续图 1-1

（arsine：胂、砷化氢；monomethylarsine［MMA（ - Ⅲ）］：一甲基胂；dimethylarsine［DMA（ - Ⅲ）］：二甲基胂；trimethylarsine［TMA（ - Ⅲ）］：三甲基胂；arsenous acid［As（Ⅲ）］：亚砷酸；arsenic acid［As（Ⅴ）］：砷酸；monomethylarsonic acid［MMAA（Ⅴ）］：一甲基胂酸；dimethylarsinic acid［DMAA（Ⅴ）］：二甲基胂酸；trimethylarsinic oxide［TMAO（Ⅴ）］：三甲基胂氧化物；arsenobetaine（AsB）：砷甜菜碱；arsenocholine（AsC）：砷胆碱；tetramethylarsonium cation（TETRA）：四甲基胂阳离子；dimethyl（5 - ribosyl）arsine oxide：二甲基 - 5 - 核糖砷；arsenoriboses：砷核糖；glycerol - ribose：甘油核糖；phosphate - ribose：磷酸核糖；sulfate - ribose：硫酸核糖）

砷及其化合物在自然界中广泛存在，地壳丰度排名第 20 位。地壳上部砷的总量约为 4.01×10^{16} kg，自然土壤中砷浓度通常为 0.2 ~ 40 mg/kg，平均浓度为 1.5 ~ 2 mg/kg，但在不同地区间有一定差异。不同环境介质中分布的情况也不同，其中海洋中约有 3.7×10^{9} kg，陆地上约有 9.97×10^{8} kg，底泥中约为 2.5×10^{13} kg，大气中为 8 120 kg。它在海水中居第 14 位，在人体内排第 12 位。自然界中的砷常和金、铜、铅、银、镍、钴、铁等金属元素伴生于矿石中。含砷矿物种类达到 200 种以上，常见的砷化合物有三氯化砷、三氧化二砷（俗称砒霜）、五氧化二砷、砷酸、砷酸钙。含砷矿物主要是硫化物，常见为斜方砷铁矿（$FeAs_2$）、雄黄（As_4S_4）、雌黄（As_2S_3）、砷黄铁矿（FeAsS）、辉砷镍矿（NiAsS）、辉钴矿（CoAsS）、红砷镍矿（NiAs）、砷黝铜矿（$Cu_{12}As_4S_{13}$）、硫砷铜矿（Cu_3AsS_4）等（见表 1-1）。土壤中的砷一般以无机砷为主，在好氧环境下，砷在土壤溶液中主要以砷酸、砷酸盐等五价［As（Ⅴ）］形式存在；而在厌氧环境下，砷在土壤溶液中主要以亚砷酸、亚砷酸盐等三价［As（Ⅲ）］形式存在。

表 1-1　常见含砷矿物

名称	英文译名	分子式
砷辉银矿	arsenargentite	Ag_3As
复砷镍矿	chloanthite	$(Ni,Co)As_3$
砷铜矿	domeykite	Cu_3As

续表 1-1

名称	英文译名	分子式
斜方砷铁矿	loellingite	$FeAs_2$
红砷铁矿	niccolite	$NiAs$
斜方砷钴矿	safflorite	$(Co,Fe)As_2$
砷铂矿	sperrylite	$PtAs_2$
方钴矿	skutterudite	$(Co,Ni)As_3$
雌黄	orpiment	As_2S_3
雄黄	realgar	As_4S_4
砷黄铁矿	arsenopyrite	$FeAsS$
辉钴矿	cobaltite	$CoAsS$
硫砷铜矿	enargite	Cu_3AsS_4
砷黝铜矿	tennantite	$Cu_{12}As_4S_{13}$
砷硫银矿	pearceite	$Ag_{16}As_2S_{11}$
淡红银矿	proustite	Ag_3AsS_3
辉砷镍矿	gersdorffite	$NiAsS$
钴硫砷铁矿	glaucodote	$(Co,Fe)AsS$
砷华信石	arsenolite	As_2O_3
水砷锌矿	adamite	Zn_2AsO_4OH
橄榄铜矿	olivenite	Cu_2AsO_4OH
臭葱石	scorodite	$FeAsO_4 \cdot 2H_2O$
毒铁矿	pharmacosiderite	$Fe(AsO_4)(OH)_3 \cdot 5H_2O$
斜方砷镍矿	rammelsbergite	$NiAs_2$
硫砷铅铜矿	seligmannite	$PbCuAs_3$
镍华	annabergite	$(Ni,Co)_3(AsO_4)_2 \cdot 8H_2O$
砷镁石	hoernesite	$Mg_3(AsO_4)_2 \cdot 8H_2O$
红砷锰矿	hematolite	$(Mn,Mg)_4Al(AsO_4)(OH)_8$
砷钙铜矿	conichalcite	$CaCu(AsO_4)OH$

　　砷是一种具有毒性的污染物,被美国环境保护局(United States Environmental Protection Agency,简称 USEPA)和疾病登记署(Agency for Toxic Substances and Disease Registry,简称 ATSDR)列为最毒污染物之首。一般来讲,有机砷的毒性比无机砷小,无机砷被国际癌症研究机构(The International Agency for Research on Cancer,简称 IARC)划分为 Ⅰ 级致癌物。砷化合物的毒性作用主要是与人体细胞中酶系统的硫基相结合,引发细胞酶系统作用障碍,从而影响细胞的正常代谢,一旦进入血液循环会直接损害毛细血管,引起血管疾病,同时可使心、肝、肾等器官发生脂肪性变。人群若长期暴露在砷污染环境下,会导

致慢性砷中毒,不仅会损害人类的神经系统、心血管系统、肝脏、泌尿系统,还会引起皮肤癌、膀胱癌等癌症。砷的急性中毒症状表现为恶心、呕吐、腹泻、剧烈头痛、高度脱水、痉挛、昏睡等,最后心力衰竭而闭尿死亡。慢性砷中毒除具有一般植物神经衰弱症外,较特殊的有皮肤过度色素沉着("黑皮病"、过度角化症、末梢神经炎、肢体血管痉挛及坏死"黑脚病"),慢性中毒常伴有肝肿大,重病还伴有贫血、黄胆、肝硬化等,甚至会引起砷性皮癌。

1.1.2 土壤的砷污染现状

我国土壤环境中砷的背景值为 11.2 mg/kg,美国大陆、日本、法国土壤中砷的背景值分别为 7.5 mg/kg、11 mg/kg、2 mg/kg,相比之下我国土壤砷背景值略高于西方国家(见表 1-2)。近年来随着经济的迅猛发展,工业化进程的加快,世界各地都出现了不同程度的砷污染问题。据调查,波兰下西里西亚省出现严重砷污染,土壤砷污染浓度高达 18 100 mg/kg;墨西哥拉古内拉地区土壤砷浓度高达 2 675 mg/kg;巴西米纳斯吉拉斯的土壤砷浓度也在 200~860 mg/kg。我国土壤砷污染事件也屡有报道,贵州、湖南、河南、广西、云南等地区都发生过不同程度的砷污染问题,污染区土壤砷浓度高达 932.1 mg/kg,远远高出土壤背景值。莫昌琍等(2015)测得贵州独山锑矿区农用土壤样品中砷含量的最大值为 151.43 mg/kg,平均值为 46.06 mg/kg,远高于贵州土壤砷背景值 20 mg/kg。目前,我国针对不同的土壤利用类型和不同的土壤酸碱度对土壤总砷含量制定了相应的限量标准,如表 1-3 所示。

表 1-2 不同国家或地区土壤中砷的浓度

国家或地区	土壤/沉积物类型	样本数	范围(mg/kg)	平均值(mg/kg)
印度孟加拉邦	底泥	2 235	10~196	—
孟加拉	底泥	10	9.0~28	22.1
阿根廷	多种土壤	20	0.8~22	5
中国	多种土壤	4 095	0.01~626	11.2
法国	多种土壤		0.1~5	2
德国	柏林地区	2	2.5~4.6	3.5
意大利	多种土壤	20	1.8~60	20
日本	多种土壤	358	0.470	11
	水稻土	97	1.23~8.2	9
墨西哥	多种土壤	18	2.0~40	14
南非	—	2	3.2~3.7	3
瑞士	—	2	2.0~2.4	2.2
美国	多种土壤	52	1.0~20	7.5
	农田	1 215	1.6~72	7.5

表 1-3 土壤总砷的限量标准

标准名称	土壤	土壤砷含量（mg/kg）				
		一级 （pH 背景值）	二级			三级
			pH < 6.5	6.5 < pH < 7.5	pH > 7.5	pH > 6.5
土壤环境质量标准 GB 15618—1995	水田	15	30	25	20	30
	旱田	15	40	30	25	40
食用农产品地环境标准 HJ/T 3322—2006	水作、蔬菜等	—	30	25	20	
	旱作、果树等	—	40	30	25	

土壤砷污染主要来源于矿物的开采冶炼、含砷化肥农药的施用、工业"三废"的随意排放。曾有研究对土壤中砷的来源进行粗略估计，Chilvers 等（1987）认为，每年因人为因素而进入土壤中的砷约 2.84×10^7 kg；而 Nriagu 等（1988）计算得出，全球每年向土壤中输入的砷总量为 9.4×10^8 kg，其中约 41% 来自含砷商品物质、23% 来自煤灰、14% 来自大气降尘、10% 来自尾砂、7% 来自冶炼、3% 来自农业、2% 来自工业和其他污染源。

1.1.3 植物中砷污染现状

砷是植物的非必需元素，研究表明砷对植物有"低促高抑"的作用，当砷的剂量超出一定的范围时，会对植物产生毒害效应。在一些砷污染地区，植物会通过根系吸收环境中的砷，从而在植物体内产生富集。为了保证食品的安全性，世界各国对农产品中砷的含量都制定有相关的限量标准，《食品中污染物限量》（GB 2762—2005）是我国 2005 年制定的食品安全国家标准，规定了一些农产品中无机砷的限量值，如大米、面粉、蔬菜水果的限值分别为 0.15 mg/kg、0.1 mg/kg、0.05 mg/kg。而对于中药材，我国亦于 2001 年由对外贸易合作部制定了《药用植物及制剂出口绿色行业标准》（WM/T 2—2001），规定砷的限量标准为 2 mg/kg。

在一些砷污染地区，尤其是矿区周边，农作物、蔬菜、瓜果等植物都出现了砷含量超标的情况。陈同斌（2006）通过对北京蔬菜基地及蔬菜批发市场采集的 93 种蔬菜共 400 多份样品分析后发现，样品中含砷量最高的可达 0.479 mg/kg，结果表明蔬菜中的砷对北京市的部分人群存在一定健康风险。2008 年曾敏调研了湖南省郴州、石门、冷水江 3 个矿区周边植物样品中的砷含量，所采样品均出现砷超标，其中玉米、水稻、蜈蚣草砷含量分别高达 8.4 mg/kg、1 085 mg/kg、1 538.2 mg/kg。肖细元（2009）通过对国内外文献报道进行总结分析，发现我国砷污染区的粮油作物的砷超标现象最严重，高达 34.8%，此外，有 32.2% 的蔬菜样本砷超标。李莲芳等于 2010 年对石门雄黄矿区周边的植物进行采样分析，结果发现所调研植物的砷含量为 0 ~ 0.84 mg/kg，其中稻米和红薯的砷含量较高，超标率分别为 62.5%、40%。朱晓龙等（2014）对湘中某工矿区的农作物和蔬菜样品分析发现，所采集的 66 个糙米样品中砷含量均值为 0.45 mg/kg，单因子污染评价结果发现重度污染样品所占比例为 33.33% ;叶菜类(61 个)和根茎类(8 个)蔬菜样品砷含量的平均值分别为 4.89 mg/kg 和 1.03 mg/kg,重污染样品比例为 66.66% 。

1.1.4 中药材中砷污染现状

中草药是中华民族的瑰宝,我国拥有丰富的中药材资源,药用植物大约有 12 000 多种。随着"回归自然"思潮的兴起,中草药以其疗效好、副作用小的特点而备受世界各国的青睐。我国约有 66% 的中药材销往香港、日本、韩国、新加坡,年产值约 480 亿美元,并以 5% ~15% 的年增长率快速发展,出口额约为 36 亿美元。然而,中药材中重金属超标问题严重制约中药材的对外贸易,成为我国中药材产业发展面临的一个严重的问题。19世纪 80 ~90 年代出现了一系列患者因服用中药材而出现砷、镉、汞等重金属中毒症状的情况,引起了人们对中药材超标问题的重视。美国、新加坡、日本、韩国、东南亚等国家和地区均对中药材中的重金属含量制定了严格的限量标准,其中美国药典、新加坡、东南亚的限值均为 ≤5 mg/kg,韩国为 ≤3 mg/kg,日本为 ≤2 mg/kg。我国制定的《药用植物及制剂进出口绿色行业标准》(WM/T 2—2001)规定的砷的限值为 ≤2 mg/kg。

据调研,我国的中药生药及其制剂存在不同的砷含量超标问题。Koh 和 Woo(2000)在新加坡收集了 2 080 个中药材样品,检测发现 42 种中药材重金属含量超标,其中砷含量超标样品有 6 个。Melchart 等(2001)分析了送往德国医院的 317 批干燥的中药材,发现 3.5% 的样品重金属含量超标。Cooper 等(2007)调查了澳大利亚昆士兰市场上 247 份中药材的重金属含量,检测到的重金属主要有砷、汞、铅,其中六神丸、牛黄解毒片、醒脑降压丸等几种药材中(5% ~15%)存在砷污染问题,对公共健康存在一定的潜在危害。李梅华等(1995)对 56 种中药材中的重金属含量进行了检测,结果发现有 40 种中药材砷含量超过国家限量标准。冯江等(2001)检测和分析了 100 种中药材的重金属含量,发现 91% 的中药材都含有不同浓度的砷,其中砷含量最高的是细辛(3.2 mg/kg)。张晖芬等(2003)检出产自山西的黄芪含砷量高达 5 mg/kg,而产自甘肃的当归砷含量最高达 23.5 mg/kg,超出砷限量标准十几倍。盛琳等(2007)对不同产地的首乌饮片进行检测,发现产自四川、贵州的样品砷含量超标,含量分别为 4.85 mg/kg 和 10.5 mg/kg。韩小丽(2008)对中药材重金属污染状况进行统计分析发现桔梗、细辛、黄连等中药材重金属含量较高,其中砷超标率最高,为 28.5% ,并且野生的中药材砷含量高于栽培。张文斌(2011)采集了文山州内矿区及 GAP 种植区的三七样品,分析发现矿区内三七砷超标严重,块根中砷含量最高,达到 14.23 mg/kg,平均含量是 GAP 种植区的 5 倍之多。

1.1.5 中药材三七的砷污染现状

1.1.5.1 三七的功效概述

三七[*Panax notoginseng* (Burk.) F. H. Chen]是五加科人参属多年生的草本植物,又名田七、山漆,是我国珍贵的中药材,如图 1-2(a)所示。三七的根、茎、叶、花均可入药,但主要的药用部位是根部,如图 1-2(b)所示。关于三七的使用,最早出现在元代杨清叟著的《仙传外科方集》,直到明代药学家李时珍将其编入《本草纲目》后,三七才被世人广泛推广。三七自古就用于"止血、散血、定痛"的作用,具有"金不换"的美誉。"人参补气第一,三七补血第一,味同而功亦等,故称人参三七,为中药之最珍贵者。"这亦是对三七功效的极大赞誉。《中国药典》(2010 版)将三七的功效描述为"散瘀止血,消肿定痛,用于咯血、吐血、衄血、便血、崩漏、外伤出血、胸腹刺痛、跌扑肿痛"。著名的中成药"云南白药""血塞通""漳州片仔癀"等都以三七为主要原料。现代药理学研究表明三七在对人体的心血管系统、神经系统、免疫力、降血糖、抗炎、抗衰老、抗肿瘤等方面都有重大的功效。

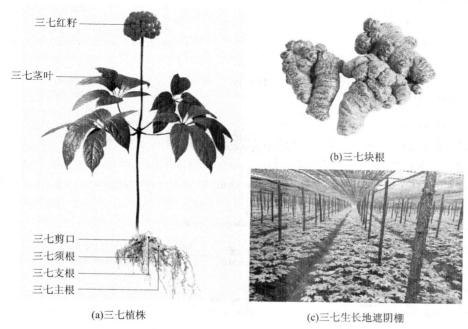

图 1-2　三七植株及生长环境状况

三七中的化学成分主要有皂苷类成分、挥发油、黄酮类成分、糖类、氨基酸、有机酸及 Ca、Mn、Fe、Zn 等无机成分。三七中的主要活性成分为皂苷,目前科学家已经从三七的不同部位提取分离出 60 多种单体皂苷成分,包括人参皂苷 Rb1、Re、Rg1、Rg2、Rh 以及三七皂苷 D1、D2、E2、R1、R2、R3、R4 以及七叶胆皂苷等。三七中的人参皂苷 Rg1、人参皂苷 Rb1 以及三七皂苷 R1 含量较高,是药典规定的主要药效成分。三七中的单体皂苷成分的结构大多是达玛烷型的 20(S) – 原人参二醇型及 20(S) – 原人参三醇型皂苷。植物体内达玛烷型四环三萜皂苷的合成一般划分为三个阶段:①合成异戊烯基焦磷酸(IPP)及二甲基烯丙基焦磷酸(DMAPP);②合成 2,3 – 氧化鲨烯;③合成达玛烷型四环三萜皂苷。其合成路线如图 1-3 所示。

三七总皂苷的合成过程包括一系列复杂的酶促反应,需要在多种关键酶的催化作用下进行。鲨烯合成酶(squalene synthetase, SS)是植物体内负责合成萜类和甾醇类化合物前体的关键酶;鲨烯环氧酶(squalene epoxidase, SE)是植物形成三萜骨架过程中发挥主要作用的关键酶;达玛烷二醇合成酶(dammarenediol synthetase, DS)主要用来催化合成

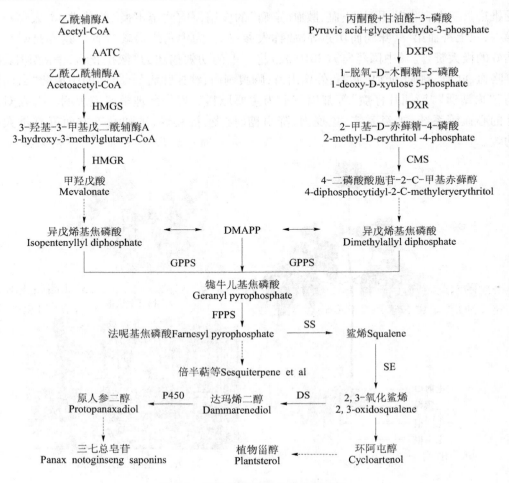

图1-3 三七总皂苷的生物合成途径

（图中虚线表示多步酶促反应。AATC.乙酰辅酶A酰基转移酶；DXPS.1－脱氧－D－木酮糖－5－磷酸合酶；HMGS.3－羟基－3－甲基戊二酰辅酶A合酶；DXR.1－脱氧－D－木酮糖－5－磷酸还原异构酶；HMGR.HMG－CoA还原酶；CMS.4－二磷酸胞苷－2－C－甲基－D－赤藓醇合酶；GPPS.牻牛儿基焦磷酸合成酶；FPPS.法呢基焦磷酸合成酶；SS.鲨烯合成酶；SE.鲨烯环氧酶；DS.玛烯二醇合成酶；P450.P450单加氧酶；CAS.环阿屯醇合成酶）

达玛烷型皂苷前体；细胞色素P450酶（cytochrome P450 monooxygenase，P450）可通过一系列反应进行修饰三萜皂苷骨架并最终决定皂苷单体的多样性。这些关键酶基因表达量的高低与三七体内皂苷类成分的合成是紧密联系的。朱华等（2008）、吴耀生等（2007）试验证明，三七的SS基因由415个氨基酸组成，并首次报道其cDNA基因序列，与人参、青蒿、拟南芥等的SS基因序列有较高的同源性，进一步研究发现SS基因在三七的不同部位有显著差异（根部表达量最高）；Hu等（2008）研究表明茉莉酸甲酯和茉莉酸乙酯可以诱导SS基因的表达，并且同时发现三七总皂苷含量增加，进而说明SS基因表达对三七皂苷合成有重要作用。和凤美（2006）、李坤（2006）研究结果表明，三七中的SE基因由537个氨基酸组成，与人参的同源性达到98%，进一步研究得到SE基因地下部位表达量高于地上部位(根大于茎叶),并且随着年龄的增长其表达水平越高(三年生三七大于一年生三七的表达量)。Hu 等(2008)研究表明茉莉酸甲酯和茉莉酸乙酯可以诱导 SE 基因的表达,其诱导结果与 SS 基因类似,也能使三七总皂苷含量增加。Niu 等(2014)研究表明三七中 SE 基因在花中表达量最高,并且得到 SE 基因表达是否被茉莉酸甲酯诱导与基因类型和时间相关。Luo 等(2011)研究发现三七中的 DS 基因含量高于人参和西洋参中的 DS 基因含量,且在四年生的三七中表达水平最高。牛云云等(2013)发现茉莉酸甲酯诱导三七叶片中 DS 基因表达上调,并在诱导 24 h 时达到最大值。参与三萜生物合成反应的 P450 在大量植物中发现,如人参、甘草、西洋参、赤芝及刺五加等植物中均分离鉴定。Luo 等(2011)在三七中鉴定出 25 个 P450 酶,而只有部分酶与三萜皂苷的合成有关。

1.1.5.2　三七的生长环境概述

三七起源于 2 500 万年前第三纪古热带的残遗植物,它对环境条件的适应能力很差,因此对生长环境具有十分苛刻的要求,不耐严寒与酷暑,喜爱半阴潮湿的环境,人工栽培需搭遮阴网遮蔽强光,如图 1-2(c)所示。目前,三七主要分布在北纬 23.5°北回归线附近的狭长地带,海拔 1 600~2 000 m 的温凉山区或半山区,云南、广西都有分布,但 90% 的三七生长在云南境内。云南省文山州是公认的三七"道地产区",此地已有超过 400 多年的人工栽培历史,该地的气候特点有利于三七干物质的积累和药效成分的合成,三七的年产量占全国的 98% 以上。三七是多年生植物,一般用种子进行育苗,种子大概有一个 45~60 天的休眠期,发芽后生长一年,即称之为一年七,此后需将一年七进行移栽,需要继续生长两年以上才可成熟收获成为商品三七。通常每年的 5~6 月为三七的生长高峰期,10~11 月三七开始分批成熟。

三七种植的一大难题就是连作障碍和根腐病,已经种植过三七的地块往往难以再次种植三七,往往需要间隔 10 年以上才能再次种植。经过近几年三七的大面积种植,文山州境内适宜种植三七的地块已经急剧减少,导致三七的种植不断向文山州外的红河州、昆明市、曲靖市及玉溪市等地区甚至是一些矿区转移,至 2009 年在文山州境外的三七种植面积已基本占据种植总面积的 50%。

1.1.5.3　三七的砷污染现状

云南省矿产资源丰富,土壤砷背景值也普遍高于全国平均值,开矿活动再加上含砷农药化肥的大量使用,大多数三七种植区都面临着严峻的砷污染问题。李卫东(2004)调查发现,三七种植区土壤中检测到的砷均未超标,但砷的污染指数是所有检测的重金属中最高的,已接近警戒线。于冰冰(2011)调查显示,三七种植区土壤砷含量为 6.9~242 mg/kg,超标样本占 48%,最高砷含量超出土壤Ⅱ级限量标准(40 mg/kg)6 倍。柳晓娟等(2003)调查了市场上不同类型三七制剂的砷含量,结果发现粉末状三七饮片出现砷超标情况,砷含量均值 2.13 mg/kg。张文斌(2011)发现矿区内三七块根砷含量最高可达 14.23 mg/kg,平均含量比 GAP 种植区高出 4 倍多。姜阳等(2012)采集了三七主产区中 19 个采样点的三七,分析发现三七块根中砷含量最高为 3.2 mg/kg,超标率 4.5%,计算得出的服用三七导致的砷的平均致癌风险大于美国环保局的建议值,对人体具有一定的致癌风险。林龙勇等(2013)收集了以三七为原料的中成药31个样品进行检测,发现砷含量平均值2.9 mg/kg,超标率高达56%。

多位学者的大田采样调查结果显示,三七中砷含量与三七种植区土壤中的总砷含量有关,并且在一定范围内三七主根中砷含量随土壤砷含量的升高而升高。同时,盆栽试验也表明,生长在高砷土壤中的三七体内砷含量是低砷种植土壤中三七砷含量的3倍以上。种种研究表明,三七体内的砷主要是从土壤中吸收来的。因此,要解决三七砷污染问题,必须要从源头抓起,从治理三七种植区土壤砷污染着手。为了保证三七的用药安全,目前部分种植区已经采取了《中药材生产质量管理规范》(good agriculture practice, GAP)种植方式,但整个种植区的土壤砷污染现象还是很严重。因此,目前急需采取必要措施,选用合适的方法,解决土壤砷污染问题,治理好三七的种植区环境。

1.2 砷对植物的毒害效应、药用植物药效成分的影响及植物对砷的耐性机制

1.2.1 砷对植物的毒害效应

砷是植物的非必需元素,一般情况下,少量的砷可以对植物产生一定的刺激作用,但过量的砷会影响植物的正常生长,产生一系列毒害效应。植物砷中毒的症状主要表现为根部伸长受抑制,根体积下降,根系发黑发褐,植物叶片发黄,植物矮小,发育迟缓,谷物类作物的结实率下降,减产等。砷会阻碍植物的代谢过程,主要表现在:①降低植物根系对水分的吸收,减少蒸腾作用,阻碍植物的水分供应;②干扰植物叶绿素合成酶的活性以及降低光合速率,影响植物的光合作用;③降低植物体内超氧化物歧化酶(SOD)、过氧化氢酶(CAT)、过氧化物酶(POD)等抗氧化系统酶的活性,增加活性自由基(ROS)含量,造成细胞膜脂过氧化;④干扰其他营养元素如磷、氮、钾、镁等的吸收;⑤影响细胞分裂,造成DNA损伤。造成植物砷毒害的一个假说是砷与巯基(-SH)具有较高的亲和性,砷可以和相邻的两个-SH进行结合,形成稳定的六元环。因此,砷易和植物体内含有双巯基的氨基酸、蛋白质、酶类等生物大分子进行结合,而干扰其正常的生理功能。此外,还有一个假说,五价砷和元素磷(P)具有相似的化学性质,因而砷会取代大分子中的P,影响相关酶如ATP酶的作用,进而产生相应的毒害效应。

1.2.2 砷对药用植物药效成分的影响

药用植物能发挥药效作用主要是因为其具有一定的药效成分,如皂苷、黄酮、生物碱、多糖、氨基酸、挥发油等。药用植物的药效成分作为一种次生代谢产物,常常受到环境因子,如无机元素砷的影响。通常情况下,低浓度的砷胁迫会对药用植物药效成分的积累起到刺激和促进作用,而高浓度的砷胁迫会产生抑制效果。不同浓度的砷对不同种类的药效成分的影响也是各不相同的。Cao等(2009)通过盆栽试验研究了砷对黄芩主要药效成分的影响,当土壤砷浓度小于200 mg/kg时,主要药效成分黄芩苷、汉黄芩苷、黄

芩素、汉黄芩素、千层纸素 A 的含量没有太大变化,当砷浓度高于 200 mg/kg 时,黄芩苷和汉黄芩苷的浓度受到了抑制,而其余三种药效成分的含量得到了提高。朱美霖(2014)的研究表明,当土壤砷浓度添加量为 1 mg/kg 时,三年生三七的总皂苷含量达到最高,随后随着土壤砷浓度的增加而降低。林龙勇(2012)的研究表明,在高砷(517 mg/kg)土壤中种植的三七根中的总皂苷和黄酮比低砷(18 mg/kg)土壤中的三七分别显著下降了26% 和 17%。孙晶晶等(2014)调研了文山主要种植区的三七根中砷含量和皂苷含量,发现须根中的黄酮含量与须根中的砷浓度呈显著负相关,但须根中的皂苷成分三七皂苷 R1与须根里的砷浓度呈显著正相关,此外,剪口中的总皂苷含量及人参皂苷 Rg1、Rb1 的含量与其中砷含量呈显著负相关。

1.2.3　植物对砷的耐性机制

植物在砷的胁迫下也产生了一定的适应机制来应对砷的毒害作用:

(1)砷的还原作用。As(Ⅴ)进入植物体内后会在砷酸还原酶的作用下被还原为As(Ⅲ),这是植物体内砷代谢的关键步骤。植物体内一般都具有很强的砷还原能力,能将吸收的 95% 以上的 As(Ⅴ)还原成 As(Ⅲ)。As(Ⅴ)的还原有利于 As(Ⅲ)的外排,研究表明植物对砷的外排主要都是以 As(Ⅲ)的形式进行的。

(2)螯合区隔化作用。As(Ⅲ)可与 – SH 基(如还原性谷胱甘肽 GSH 和植物络合肽PCs 等)形成络合物,从而有效降低砷对植物的毒性。许多植物如印度芥菜、白毛茅、大叶井口边草、向日葵中都检测到了 As(Ⅲ) – GSH 或 As(Ⅲ) – PCs 等的络合物。形成的砷的络合物可被区隔化于液泡而降低砷对细胞器的伤害。此外,植物细胞壁中的羟基、羧基、醛基、氨基或磷酸基等亲金属离子的配位基团,可与砷离子进行配位结合,使其在细胞壁等部位形成沉淀。砷超富集植物蜈蚣草就是通过将砷区隔化在细胞壁或细胞液中的方式来降低砷对自身的毒性。

(3)抗氧化系统酶。抗氧化系统酶是缓解砷毒性的一个重要途径。主要的抗氧化系统酶如超氧化物歧化酶(SOD)、过氧化氢酶(CAT)、过氧化物酶(POD)、谷胱甘肽过氧化物酶(GPX)、抗坏血酸过氧化物酶(APX),可以清除在砷胁迫下植物体内产生的过多的活性氧自由基(ROS)。目前多数研究发现,在砷胁迫下一些植物如蜈蚣草、剑叶凤尾蕨、中国莲、水稻等一系列植物抗氧化系统酶的活性会显著上升,清除体内过多的活性自由基,降低砷对植物的膜脂过氧化伤害。

1.3　砷在植物中的吸收转运规律

1.3.1　砷在植物中的富集规律

在砷污染地区,砷主要是通过植物的根系吸收进入植物体内的,植物对砷的富集特征与植物本身的遗传特性,植物对砷的吸收及在体内的转运能力有关。不同种类的植物对砷的富集能力各不相同。夏立江等(1996)对部分地区菜地中的蔬菜的可食部位进行测定分析,发现同一地区不同种类的蔬菜中砷的含量各不相同,它对砷的富集规律总体上表现为根菜类＞果菜类＞叶菜类。李莲芳等(2010)采集了湖南省石门县雄黄矿区周边的大量植物进行检测研究,结果显示不同类型的植物的可食部位砷含量顺序依次为粮食作物＞蔬菜＞水果,其中粮食作物和水果砷含量最高可相差116倍。通常,在粮食作物中,水稻对砷的富集能力最强,其次为玉米和小麦,而水稻的富集能力大于旱稻。肖细元等(2009)对全国的主要蔬菜砷含量进行分析总结发现,不同种类的蔬菜中砷含量的高低顺序为叶菜类＞根茎类＞茄果类＞鲜豆类。国外学者 Dahal 发现尼泊尔砷污灌土壤上作物的可食部位的砷含量分布表现为洋葱＞花菜＞水稻＞茄子＞土豆。此外,同种植物,不同的基因型对砷的富集能力也不相同。Mehary 等(1992)研究了砷耐性和砷敏感性的绒毛草对砷的富集情况,研究表明耐砷基因型的绒毛草根部砷富集量远小于敏感品种,两者最大相差2倍以上。蒋彬等(2002)检测了239份不同基因型水稻的砷含量,结果显示稻米含砷量为 $0.08 \sim 49.14$ μg/kg,均值为 19.23 μg/kg,变异系数高达 51.8% ,说明精米中砷含量存在极显著的基因型差异。

砷进入植物体内后,会在不同器官之间转运,且不同器官转运能力各不相同。一般来讲,各类植物不同器官对砷的富集都以根、茎、叶、果的顺序进行递减。众多学者的研究显示,水稻各器官对砷的累积规律一般为:根＞茎叶＞谷壳＞籽粒,水稻中的砷主要积累在根部。大豆对砷的转运规律也呈现出相似的结果,富集规律为根＞茎叶＞籽粒,这对于大豆籽粒的安全使用是有利的。刘全吉等(2011)进行的土壤盆栽试验表明,砷污染胁迫下油菜和小麦的砷含量呈现根系＞茎叶＞颖壳＞种子的规律。但是也有学者得到了不同的研究结果,裴艳艳等(2013)研究发现,当土壤中添加砷时魔芋茎叶砷含量大于球茎,而对三七中砷的研究也发现矿区三七的茎叶砷含量大于块根;冯光泉等(2006)分析了三年生三七不同生长部位的砷含量,结果显示砷在三七的茎叶、毛根、表皮中含量最高,其次是剪口,而皮层、中柱内砷含量相对较低。阎秀兰等(2011)通过大田采样和样品分析,研究了三七对砷的富集规律,结果表明三七各部位的砷含量分布的高低顺序为须根＞叶＞花或果实＞主根＞茎。朱美霖(2014)通过盆栽试验进行研究,得出三七对砷的富集能力顺序表现为根＞叶＞茎≈花。

富集系数是指植物体中重金属的含量与相应土壤中重金属含量的比值,常被用来衡量植物对重金属的富集能力。对砷而言,植物的砷富集系数越高,表明对砷的富集能力越强。一般的植物对砷的富集系数都小于1,如大豆、魔芋对砷的富集系数为 $0.03 \sim 0.13$,蔬菜粮油作物的砷富集系数为 $0.009 \sim 0.214$,三七对砷的富集系数为 $0.004 \sim 0.16$ 。此外,还有一类植物对砷的富集能力非常强,富集系数可达 $7 \sim 80$,这类植物被称为砷超富集植物,与一般的植物具有不同的砷富集规律。蜈蚣草就是一种典型的砷超富集植物,砷的富集规律主要表现为羽片＞叶柄＞根,而叶片中最高砷含量可高达 $7\ 526$ mg/kg。具有类似砷超富集能力的植物还有粉叶蕨、大叶井口边草等,这类植物常常可以用作砷污染土壤的植物修复。

1.3.2　植物对砷的吸收转运及代谢机制

在好氧环境的土壤中,五价砷[As(Ⅴ)]是砷的主要赋存形态,并以 $H_2AsO_4^-$ 和 $HAsO_4^{2-}$ 两种离子形态存在于土壤溶液和固相体系中。由于 As(Ⅴ)与磷酸盐化学性质类似,As(Ⅴ)主要通过磷酸盐的转运通道进入细胞,如图 1-4 所示。研究者发现模式植物拟南芥中至少有 8 个高亲和力的 Pht1 磷(P)转运子,同时证明了 Pht1;1 和 Pht1;4 这两个磷转运子蛋白是拟南芥磷吸收的主要通道,双基因突变的植株对 As(Ⅴ)的耐性提高近 1 倍,表明 Pht1;1 和 Pht1;4 也是 As(Ⅴ)进入拟南芥的主要通道。研究者也发现,水稻中的 OsPT8 是 P 和 As(Ⅴ)的高亲和力通道,通过超表达该通道蛋白,水稻植株比野生型对 P 和 As 的富集量大大增加。由于磷和 As(Ⅴ)会竞争植物根系相同的转运蛋白,植物对两者的吸收存在一定的竞争关系。小麦的水培试验表明,当将营养液中 P 的浓度从 32 μmol/L 增加到 161 μmol/L 时,小麦根中和地上部分砷浓度分别降低 75%、50%。同时水稻的吸收动力学试验也证明 P 的存在可强烈抑制根系对 As(Ⅴ)的吸收,当反应体系中有 P 存在时,As(Ⅴ)的吸收速率可被抑制 9% ~80%。

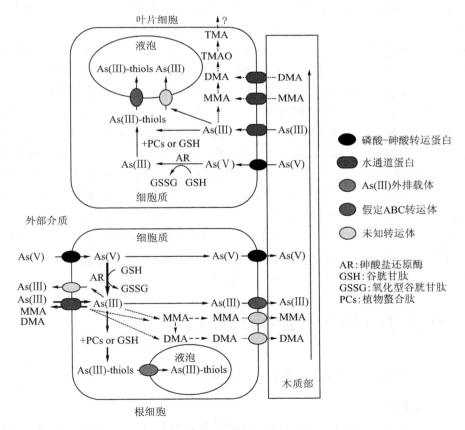

图 1-4　不同形态 As 在植物中的吸收转运及代谢机制(Zhao et al, 2010)

在厌氧环境下,砷主要以三价[As(Ⅲ)]的形态存在,并且在 pH <8 的环境下,主要

以未解离的 H_3AsO_3 中性分子形式存在。目前研究表明植物对 As(Ⅲ) 的吸收主要是通过水通道蛋白,如图 1-4 所示。类根瘤素 26 内在蛋白(nodulin 26 – like intrinsic proteins,NIPs),是水通道蛋白簇的一个亚科,存在于根瘤菌和豆科植物的共生膜上。将拟南芥、百脉根、水稻的 NIP 基因进行异源表达之后发现相应细胞对砷的敏感性增强,并且 As(Ⅲ)的吸收量增加,从而表明这些 NIPs 参与了 As(Ⅲ)进入细胞的调控。此外,Maathuis 等已证实 OsNIP2;1 即 Lsi1 是 As(Ⅲ) 从外界进入水稻根部的主要途径。Lsi1 原本是硅酸盐的转运通道,而 As(Ⅲ)与硅酸盐的解离系数相近且分子结构相似,因此 As(Ⅲ)和硅酸盐共用相同的吸收通道,而原本作为硅酸盐外排的转运体 Lsi2 则负责调控 As(Ⅲ)由根部向木质部的运输。

土壤中的甲基砷含量比较少,水稻等植物对甲基砷的吸收量也较少。有学者证明,水稻等 46 种植物的根系可直接吸收甲基砷,但吸收速率比无机砷要慢很多,如图 1-4 所示。此外,Li 等的研究表明 Lsi1 参与了水稻根系对未解离的 MMA(Ⅴ)和 DMA(Ⅴ)的吸收。此外,Rahman 等(2011)的研究发现水稻根系对 MMA(Ⅴ)和 DMA(Ⅴ)的吸收会随着体系中甘油浓度的增加而急剧减少,这也表明 MMA(Ⅴ)和 DMA(Ⅴ)可能通过某些水通道蛋白进入水稻根部细胞。植物对甲基砷的吸收速率比较慢,但其在木质部的转运速率要比无机砷大很多,且 DMA(Ⅴ)的转运速率大于 MMA(Ⅴ)。

As(Ⅴ)进入植物体内后主要发生还原反应生成 As(Ⅲ),然后进行进一步的反应,大多数植物都具有很强的还原能力,As(Ⅴ)的还原主要是在砷酸还原酶(ACR)的催化下进行的。最初,学者们发现酵母菌等真核生物可以利用谷胱甘肽(GSH)将 As(Ⅴ)还原,如图 1-4 所示。后来,研究表明,在拟南芥、绒毛草、水稻、蜈蚣草等植物中均发现并克隆出了酵母砷酸还原酶 Acr2p 的同源基因 ACR2,并且这些植物的 ACR 蛋白异源表达时均具有还原 As(Ⅴ)的能力。此外,植物体内的 As(Ⅲ)会进行络合反应,与植物体内的多肽类巯基化合物(GSH 或 PCs)进行络合。研究者利用 HPLC – ICP – MS 和 ES – MS 结合的技术,从 As(Ⅴ)的耐性绒毛草中分离出了砷和 PCs 的络合物,另外,从无机砷和三价砷处理过的向日葵中分离出了 14 种砷的络合物,并且 PCs 比 GSH 对 As(Ⅲ)的络合能力更强。研究者用同步辐射 X 射线吸收光谱(XAS)也检测到了植物中的砷络合物。As(Ⅲ)还有可能在植物细胞内进一步反应生成 MMA 或 DMA,但是这种说法目前还存在分歧,DMA 进一步反应可生成挥发性的 TMA,从叶片气孔进入大气。

1.4 植物对砷吸收转运的影响因素

1.4.1 土壤理化性质对植物砷富集的影响

1.4.1.1 土壤有效态砷

一般而言,有效态砷是指土壤中那部分能被生物体自由吸收利用的砷,它包括直接以游离状态存在土壤溶液中的砷以及在一定条件下土壤中能够释放出来的砷。土壤砷的有效性是研究砷的生物毒性以及正确评价砷污染的重要基础。用来评估土壤重金属植物有效性,包括化学形态、薄层梯度扩散、同位素稀释技术、单一提取法等。其中,化学形态和单一提取法均能有效评价植物对土壤重金属的吸收。单一提取法中常用的提取剂主要有稀酸溶液、螯合剂、中性盐溶液和缓冲溶液等。大多数研究表明,酸性土壤有效态砷宜用 1 mol/L HCl 提取,石灰性土壤有效态砷则宜用 0.5 mol/L NaHCO$_3$ 提取(见表1-4)。

表 1-4　砷的化学形态提取方法所用提取剂

	提取剂	参考文献
单一提取	H$_2$O$_2$	Szakova et al, 2001
	0.5 mol/L NaHCO$_3$(土壤 pH > 6.5)	Woolson, 1971；Peryea, 2002
	1 mol/L HCl(土壤 pH < 6.5)	Woolson, 1971
	0.05 mol/L NaH$_2$PO$_4$	黄瑞卿等,2005
连续提取	0.05 mol/L (NH$_4$)$_2$SO$_4$	
	0.5 mol/L NH$_4$H$_2$PO$_4$	
	0.2 mol/L NH$_4^+$ – 草酸缓冲液, pH = 3.25	Wenzel et al, 2001
	0.2 mol/L NH$_4^+$ – 草酸缓冲液 + 0.1 mol/L 抗坏血酸, pH = 3.25	
	HNO$_3$/H$_2$O$_2$	

与单一提取法不同,连续提取法(Sequential Extraction Procedure, SEP)是基于重金属与土壤表面或土壤中其他基团结合强度的不同,选用一系列强度不同的提取剂,模拟不同的环境条件,逐级提取土壤中和固相组分结合的重金属元素的方法。对形态的划分比单一提取法更为精细,通过逐级增加提取剂强度对土壤重金属进行提取分离,可提供更为丰富的土壤重金属形态分布信息。由于磷与砷化学性质相近,众多学者将和提取磷的方法进行改进以用于提取砷,将其分为易溶态砷(WE – As)、铝型砷(Al – As)、铁型砷(Fe – As)、钙型砷(Ca – As)及残渣态砷(RS – As)。Tessier(1979)的五步连续提取法将砷形态分为交换态砷、碳酸盐态砷、铁锰氧化物结合态砷、有机结合态砷、残渣态砷。Wenzel(2001)改进了土壤砷的分级提取方法,将土壤中的砷分为非专性吸附态砷、专性吸附态砷、无定形和弱结晶铁锰或铁铝水化氧化物结合态砷、结晶铁锰或铁铝水化氧化物结合态砷、残渣态砷。与以往的分级提取方法相比,改进的分步提取法较为适用于土壤砷的提取。各个步骤提取出的各形态砷的加和总量可达土壤中总砷含量的88%以上,有较好的回归率。通常情况下,前三态砷(非专性、专性吸附态砷、弱结晶铁锰化物结合态砷)的活性较强,迁移性较强,易被植物吸收利用。结晶铁锰或铁铝水化氧化物结合态砷较稳定,但当土壤理化性质如氧化还原电位或酸碱度发生变化时,也会有潜在的有效性。残渣态砷则是最稳定的,其被固定于矿物晶格中,不易释放。

众多研究表明,土壤中的有效态砷与植物体内的砷含量呈正相关性。张文斌(2003)、王朝梁(2003)、冯光泉(2005)的研究结果也指出,三七植株中总砷含量并没有与土壤总砷含量呈显著正相关性。于冰冰等(2011)通过对三七种植土壤可利用态砷提取后发现,提取出的有效态砷含量与三七根砷含量呈显著正相关性,姜阳(2013)也有相似的研究结果。Bergqvist(2011)收集了瑞典 6 个砷污染程度不同地区的 92 种陆地、挺水或沉水植物,发现植物体内砷的浓度与土壤溶液中有效态砷的浓度呈显著正相关性。此外,对小麦的调研测定也表明,小麦籽粒中的砷与土壤中的有效态砷呈极显著正相关性。

1.4.1.2　土壤 pH

土壤的酸碱性直接影响着砷在土壤中的化学形态,在酸性条件下五价砷通常以 $H_2AsO_4^-$ 的形式存在,而在碱性条件下五价砷主要以 $HAsO_4^{2-}$ 为主。此外,土壤 pH 是影响砷在土壤中的吸附—解吸过程的关键因素。一般情况下,碱性土壤中 OH^- 等带负电荷的离子较多,会与 $H_2AsO_4^-$ 和 $HAsO_4^{2-}$ 竞争土壤表面的吸附位点,从而导致 As(V)的释放,有利于砷的活化。而在酸性土壤中 OH^- 较少,几乎不与 $H_2AsO_4^-$ 和 $HAsO_4^{2-}$ 竞争吸附位点,砷酸根都大量吸附在土壤表面。随着土壤砷吸附量的增大,土壤溶液中有效态砷含量降低,砷的生物有效性也会降低。陈同斌(1993)通过实验室模拟研究了 pH 对水稻土中砷吸附量的影响,发现土壤水溶液中的 As(Ⅲ)、As(Ⅴ)和总砷含量随 pH 的升高而升高,在碱性范围内升高幅度更大。同时,盆栽试验结果表明水稻体内各种砷的含量都随土壤 pH 的升高而增大,砷对水稻植株的毒性随 pH 的升高而增强。陈静(2003,2004)的研究发现在红壤中 pH 对砷的吸附和解吸影响都很大,酸性环境有利于砷的吸附,而碱性环境促进砷的解吸。赵小虎等(2007)研究了施加石灰对菜地土壤重金属含量的影响,发现随着石灰用量的增加,土壤中有效态砷含量呈现出先降后增的规律。李月芬等(2012)测定了吉林省西部地区 36 个表层土壤样品的 7 种形态砷的含量,分析发现水溶态砷和铁锰氧化物结合态砷等移动性较强的砷与土壤 pH 皆呈极显著正相关性。姜阳(2013)的研究也表明,三七根部砷含量与土壤中的 pH 呈显著正相关性。

1.4.1.3　氧化还原电势

氧化还原电势(Eh)直接影响砷的形态,Eh 低的环境中砷主要以 As(Ⅲ)的形式存在;在 Eh 较高的环境中砷主要以 As(Ⅴ)的形式存在。通常情况下,土壤中的铁氧化物或者铁氢氧化物更易吸附 As(Ⅴ),而 As(Ⅲ)则不易被吸附。所以,土壤中 As(Ⅲ)具有较强的迁移性,生物有效性也更高。另外,土壤 Eh 越低,As(Ⅴ)就越容易被还原为 As(Ⅲ),在反应过程中,土壤中相应的铁氧化物会被溶解,吸附在其表面的砷也将被释放到土壤溶液中,导致土壤中有效态砷的含量升高,植物对砷的吸收量增加,植物各部位的砷富集量升高。

1.4.1.4　土壤类型

不同土壤类型对砷的吸附能力也各不相同,陈静等(2010)发现遵义红土对砷的吸附能力大于安顺红土,研究发现遵义红土中针铁矿的比例较高,比安顺红土高出 10% 左右,这说明土壤中针铁矿及黏土矿物成分含量高会提高对砷的吸附量。此外,质地粗的土壤对砷的吸附性弱,则有效态砷含量高,砷对植物的毒害作用更强。在砂砾质灰钙土和普通黑钙土里添加一定量的砷,然后种植春小麦,结果发现砂砾质灰钙土上种植的春小麦对砷的富集系数明显大于普通灰钙土。一般来讲,我国不同土壤的砷吸附量的高低顺序

为红壤 > 砖红壤 > 黄棕壤 > 黑钙土 > 碱土 > 黄土。

1.4.2　P、S、Si 元素对植物砷富集的影响

磷（P）对植物吸收砷的影响比较复杂。一方面，P 与 As 化学性质相似，且与 As（Ⅴ）共享进入根部细胞的通道，与植物对 As（Ⅴ）的吸收有竞争作用。Wang（2009）研究发现在水稻体内砷含量较低时，当添加磷的浓度达到 100 μmol/L 时水稻对砷的吸收量最低。王萍（2008）的水培试验发现，在缺 P 情况下（<0.4 mol/L），增加磷供应量能明显抑制番茄对砷的吸收，降低番茄体内砷含量。张广莉（2002）的水稻盆栽试验表明，外源磷的加入可以降低砷对红紫泥中水稻的毒害作用，可以促进根际土壤中有效性较高的砷形态（Fe－As，Al－As）向有效性低的砷形态（O－As）转化。Pigna（2010）发现磷肥可以抑制黏壤土和砂质黏壤土中小麦对砷的吸收和转运。Campos（2014）研究分析得出巴西砷污染区的丰花草对砷的耐性大于非砷污染区的丰花草对砷的耐性，因为矿区丰花草具有较高量的磷转运能力，可以减少对砷的吸收量，从而降低了砷的毒性。另一方面，P 也会和 As（Ⅴ）竞争土壤矿物质上的吸附位点而使可溶性砷增加。Cao 等（2004）向砷污染土壤中加入三过磷酸钙，结果导致砂土和黏砂土上种植的胡萝卜砷富集量增加了 4.56～9.3 倍，生菜的砷富集量增加了 2.45～10.1 倍。雷鸣等（2014）向水稻土中加入磷酸氢二钠和羟基磷灰石，结果两者都促进了土壤中砷的活化，然而较低浓度的添加剂处理下都降低了水稻根和糙米中的砷浓度，但随着添加量的增加会抑制水稻的生长。因此，磷对于植物砷吸收的作用取决于磷和砷在土壤吸附位点的竞争与进入植物通道的竞争作用的综合效果，根据不同的情况而有所不同。

硫（S）与 As 常常在自然界中共生，S 可以调控 As 在不同环境中的分布和迁移，土壤中的 S 也可以与砷形成共沉淀物而降低砷的有效性，另外植物体内的含硫化合物可以和砷螯合而降低砷在植物体内的转运，降低其毒性。Fan 等（2013）在温室下利用盆栽试验研究了不同硫水平下，砷在水稻各部分中的富集情况，结果发现过量的硫降低了砷在稻粒中的富集，但叶、茎中砷的富集量增加，并且水稻中砷的转运系数降低。Hu（2007）的研究也表明，提高硫的施加量，可促进水稻根表铁膜的形成，降低水稻茎中砷的含量，但根中砷浓度降低幅度较小。Zhang（2011）的研究表明，在三价砷暴露下，低硫预处理的水稻苗的根中富集的砷含量较少，但茎中砷含量高于高硫预处理的水稻苗；五价砷暴露下低硫预处理的水稻根中砷含量还是低于高硫预处理；无论暴露于三价砷还是五价砷，缺硫的水稻根中非蛋白硫醇（NPT）含量下降，且低硫处理的水稻砷转运系数高于高硫处理的。Liu 等（2010）的研究结果发现，增强拟南芥根部谷胱甘肽的合成，可增强根部砷与 GSH 结合物的量，抑制砷从根部到茎部的转运。Jia 等（2012）发现水稻土中加硫可以在硫还原微生物（SRB）的作用下使土壤中的砷形成难溶性的沉淀物，施加 100 mg/kg 的 SO_4^{2-} 可使土壤溶液中的砷下降 23.5%，水稻根部砷含量下降 22.6%。

硅（Si）与 As（Ⅲ）共用相同的转运通道。因而，硅对 As（Ⅲ）的吸收和转运存在着显著的竞争关系。Bogdan 和 Schenk（2008）在砷污染程度较低的土壤中施用硅肥，水稻茎和根中砷的浓度分别降低了 36%～59% 和 15%～37%；在砷污染程度高的土壤中施用硅

肥,水稻茎和根中砷的浓度分别降低了42%~58%和70%~82%。Li(2009)也发现向土壤中添加 SiO_2 可使稻杆中砷的浓度降低78%,籽粒中砷浓度降低16%。此外,硅肥还会促进砷的甲基化,增加了糙米和稻壳中有机砷的比例,但相关机制还需进一步研究。Liu(2014)的研究也表明稻田中添加硅后,水稻茎、叶、籽粒、谷壳中无机砷的浓度都明显降低,但是提高了毒性较小的有机砷的浓度。

1.5 土壤砷污染修复研究进展

1.5.1 土壤砷污染的修复方法

土壤砷污染不仅严重危害农作物等植物的生长,还会影响食品安全,进而威胁人类健康。目前,科学家们已经研究了多种方法来处理土壤砷污染问题。整体上来讲,解决土壤的砷污染主要从两个方面着手:一是采用一定的方法将土壤中的砷清除出去,降低土壤中砷的总量;二是将土壤中的砷吸附固定在土壤表面或形成沉淀,将砷固化,降低砷的流动性,减少对其他植物的污染。基于以上这些思路,目前针对砷污染土壤的修复方法主要可以分为物理、化学、生物三种处理方式。

1.5.1.1 物理调控方法

(1)物理分离法。主要是根据土壤介质及污染物的物理特性而采用不同的操作方法,如基于粒径大小,采用过滤或微过滤的方法分离;基于密度大小,采用沉淀或离心分离;基于磁性有无或大小,采用磁分离的手段分离。

(2)稳定化固定化法。向土壤中加入固化稳定剂,通过对重金属的吸附、离子交换、沉淀或共沉淀、络合或整合等作用改变其在土壤中的存在形态,降低重金属在土壤环境中的浸出毒性、溶解迁移性和生物有效性,减少由于雨水淋溶或渗滤对动物、植物造成危害。Voigt 等(1996)使用 $FeSO_4$ 作为稳定剂,$Ca(OH)_2$ 和 Portland 水泥作为固定剂,处理2个砷污染土壤样品,结果显示,交换性砷含量分别从 103 mg/kg 和 109 mg/kg 降至0,残渣态砷含量分别提高至 216 mg/kg 和 274 mg/kg。Moon 等(2008)采用高岭土作为稳定剂,水泥窑灰(CKD)作为固定剂,处理1天后,土壤中砷的含量低于 TCLP 法规限值。尽管该方法取得了较好的使用效果,但固化方法需要大量的固化剂,容易对土壤造成破坏,一般用于砷污染严重的小面积土壤修复。

(3)玻璃化法。玻璃化法是指将污染土壤中有机污染物热解,砷和其他无机物固定在熔体之中。玻璃化法有异位和原位两种方式。异位玻璃化法是指将污染土壤挖掘出来,先经过减少砷挥发的预处理,然后将其置于溶炉中,熔化温度高达 2 000 ℃。原位玻璃化法是指通过向污染土壤中插入电极(约 6 m 深),将土壤中的砷以热解、焚化或者封存的方式从土壤中去除或者固定。

(4)电动力学法。其基本原理是在污染土壤区域插入电极,施加直流电后形成电场,土壤中的污染物在直流电场作用下定向迁移富集在电极区域,然后通过其他方法进行集中处理,从而达到降低土壤中污染物的目的。此方法较为适合于不能改变现场环境区域

（如受污染区域上有建筑物），对于质地均匀的粉土、黏土处理效果更为显著。

1.5.1.2 化学调控方法

化学调控通常可以在土壤中原位进行，通过加入钝化剂改变土壤的酸碱性、氧化还原电位等理化性质，经沉淀、吸附、络合/螯合、拮抗等作用来降低砷在土壤中的移动性，减少植物对砷的吸收。国内外研究常用的化学调控方法有以下几种。

（1）化学改良法。化学改良法是指在砷污染土壤中加入化学钝化剂，降低其迁移性和生物有效性。该方法是目前应用最多的一种调控方法，具有成本低、见效快的特点。Kim 等（2003）研究了铁（以 $Fe_2(SO_4)_3$ 计）对矿区砷污染土壤的修复效果，结果表明，土壤水溶态砷减少了 70% ~ 80%。Hartley 等（2004）研究了针铁矿、钢渣和硫酸铁对土壤中砷的有效性的影响，结果表明，三种物质对土壤中砷的有效性具有良好的调控效果。Lee 等（2011）利用废弃的石灰岩、赤泥和炉渣来固定污染土壤中的砷，结果发现，在石灰岩赤泥处理下土壤中的砷降低了 13%。Nielsen 等（2011）用富铁水处理残渣（WTR）修复被木材防腐剂污染的土壤（含 As 和 Cr），结果表明，土壤中砷的淋洗量降低了 91%，水溶态砷含量比对照低 2 个数量级。Kumpiene 等（2012）采用堆肥（5%）、钢渣（1%）、粉煤灰（5%）修复葡萄牙某废弃金矿周边的含砷污染土壤，经过 13 年的长期试验，矿区周边土壤复垦效果良好，土壤中可交换态砷减少，非晶质氧化铁结合态砷和残渣态砷含量增加。

（2）化学淋洗法。利用淋洗剂淋洗污染土壤，使土壤固相中的砷转移到土壤液相中，随淋洗剂离开土壤。目前常用的化学淋洗剂包括无机洗脱剂、人工螯合剂、表面活性剂等。Tokunage 和 Hakuta（2002）研究发现磷酸是人工砷污染土壤的最有效的洗脱剂，9.4% 磷酸洗脱 6 h，土壤砷的洗脱率可达 99.9%（原土砷含量为 2 830 mg/kg）。Alam 等（2001）以砷污染的森林黄棕壤作为研究对象，发现 300 mmol/L pH 为 6.0 的磷酸钠是最有效的提取剂。Lee 等（2007）以废弃煤矿周边的溪流沉积物为研究对象，使用 0.2 mol/L 柠檬酸与 0.1 mol/L 磷酸钠混合液对砷的提取率为 100%。

1.5.1.3 生物调控方法

（1）微生物调控。主要是借助微生物的生化反应来清除或稳定环境中的有害物质，依据原理不同可分为生物还原沉淀、生物吸附和生物甲基化等。Naidu 等（2006）认为细菌、真菌、蓝藻均具有积累砷的作用。Su 等（2010）和 Zeng 等（2010）从高砷土壤中分离出三株耐砷能力较强的真菌，且这三株真菌均具有挥发砷的能力。

（2）植物调控。利用植物及其根际圈微生物体系的吸收、挥发和转化、降解的作用机制来清除环境中重金属。根据其作用过程和机制可分为植物萃取、根际过滤、植物挥发和植物固定等。通常来说，植物萃取运用的最多，即将某种对土壤污染物具有特殊的吸收富集能力的植物种植在污染土壤上，待植物成熟后收获并妥善处理即可将污染物移出土体，达到污染治理与生态修复的目的。但是，修复效率一直是制约植物修复技术发展的瓶颈，特别是应对大面积土壤修复问题时，因修复周期长，且富集后的植物处理问题难以得到广泛推广和使用。

以上各种方法各有其优势和不足，其中原位化学改良法可以通过添加化学钝化剂的方法原位调控土壤中重金属污染,方法简单,效果好,花费低,且不易对环境造成二次污染,适用于农田环境污染修复,而且可以在修复的同时种植作物,尤其适用于土地资源紧张的地方。

1.5.2 化学添加剂原位固化砷污染土壤

目前,针对于砷污染的土壤常用的土壤添加剂有含铁材料、铝氧矿物质、黏土矿物质、有机质、生物炭等材料,这些材料在砷污染土壤的修复方面都取得了不错的效果。

1.5.2.1 含铁材料

土壤中的砷与铁易形成难溶性沉淀物或被吸附在铁氧化物或氢氧化物表面,从而起到固定砷的作用。零价铁[Fe(0)]施入土壤后,可与氧气、水发生反应,产生弱结晶态的氢氧化铁,进而可以吸附土壤中的砷,对砷起到固化作用,并且此过程对土壤中的 pH 影响不大,反应机制如下:

$$
\left.
\begin{array}{l}
Fe(0) + 3H_2O + \dfrac{1}{2}O_2 \longrightarrow Fe(II) + H_2O + 2OH^- \\[2mm]
Fe(II) + H_2O + \dfrac{1}{4}O_2 \longrightarrow Fe(III) + \dfrac{1}{2}H_2O + OH^- \\[2mm]
Fe(III) + H_2O \longrightarrow Fe(OH)_3 + 3H^+
\end{array}
\right\} \quad (1\text{-}1)
$$

除了纳米零价铁颗粒,还经常使用氧化铁、氢氧化铁、针铁矿、纤铁矿、赤铁矿和水铁矿等含铁矿物质进行砷污染土壤的固化。张美一等的研究结果表明,铁系纳米颗粒(零价铁、FeS、Fe_3O_4)对砷污染的果园土具有良好的修复作用,修复过后的土壤砷浸出率大大降低。William Hartley 等(2008)通过向不同类型的砷污染土壤中添加含铁氧化物的添加剂进行修复,结果发现针铁矿具有最好的修复效果,不仅促进了植物的生长,还使生长在砷污染土壤中的菠菜和西红柿地上部分砷浓度降低了23% ~90%,降低了砷向食物链的转移。Yan 等(2013)分别使用零价铁、铝土矿、沸石对砷污染的三七种植土壤进行修复,结果显示三种添加剂都促进了土壤中非专性吸附态砷向铁锰氧化物结合态砷和专性吸附态砷的转化,降低了土壤砷的可迁移性。此外,三七体内砷浓度降低了43% ~66%,修复效果很好。胡立琼等(2014)用零价铁、氧化铁(Fe_2O_3)修复砷污染水稻土,处理后,土壤中易溶态砷分别降低了77.3%、36.4%,毒性浸出砷降低了70.4%、30.4%。

此外,$FeSO_4$、$Fe_2(SO_4)_3$、$FeCl_2$、$FeCl_3$ 也常用来修复砷污染土壤,砷能与铁生成砷酸铁($FeAsO_4 \cdot H_2O$)或不溶性的二次氧化矿物,如臭葱石($FeAsO_4 \cdot 2H_2O$),进而降低砷的移动性和生物可利用性。但砷和铁在反应的过程中会有 H_2SO_4 或 HCl 等产生,这样会导致土壤酸化,进而影响植物生长。因此,在用亚铁盐或铁盐的时候通常会加入石灰等碱性材料来维持土壤的 pH。William Hartley(2008)的研究表明,硫酸亚铁和硫酸铁盐伴随石灰一起加入砷污染土壤,可明显降低菠菜和西红柿地上部分的砷含量。赵慧敏等(2010)将 $FeSO_4 \cdot 7H_2O$ 和 $FeCl_3 \cdot 6H_2O$ 按照 Fe:As 以6:3的比例施入砷污染土壤中,同时也加入石灰,处理后可使砷的固化率、稳定化率达到91.11%、99.47%。

1.5.2.2 黏土矿物质

黏土矿物质种类多,储量大,并且都有一个共同的特点——结构层带电荷、比表面积大,因而对重金属具有很强的吸附作用,黏土矿物主要通过吸附、配位、共沉淀等作用与砷进行反应,从而固定砷,降低砷在土壤中的迁移性和生物可利用性。利用黏土矿物进行砷污染土壤修复具有廉价、原位、操作简单、环境兼容性好等优点,目前已经有大量的应用研究。Garcia 等(2002)研究了褐铁矿和膨润土(组成为 99% 的蒙脱石)对土壤中 As(Ⅴ)的吸附作用,当土壤 pH 为 4.6 时,施加 10% 的褐铁矿和膨润土可使土壤中的砷固化率分别达到 80% 和 50%。钠质膨润土和硅藻土使土壤中有效态砷的含量降低了10.48%、8.82%,同时使生长在砷污染土壤中的油菜的砷比对照组显著降低了 20.18%、18.77%。对种植三七的砷污染土壤分别用铝土矿和沸石进行处理,土壤中的有效态砷含量显著降低,三七根中砷的浓度分别比对照组降低 43% ~61%、52% ~66%,并且综合来讲沸石比铝土矿的效果更好。杜彩艳(2015)将生物炭、沸石粉、硅藻土联合施用,可显著促进玉米生长,增加玉米产量,并且抑制玉米籽粒对砷的吸收,玉米籽粒中砷含量比对照组降低 27.58% ~49.47%。

1.5.2.3 有机质

有机堆肥、腐殖酸、生物炭等是常用的进行土壤改良的有机质。腐殖酸通常会通过与土壤中的重金属发生络(螯)合、吸附和氧化还原等反应,改变土壤对重金属的吸持力以及土壤重金属的存在形态,从而影响其有效性和生物可利用性。生物炭指生物质在缺氧或无氧条件下热裂解得到的一类稳定的、含炭的、高度芳香化的固态物质,农业废物如秸秆、木材及城市生活有机废物如垃圾、污泥都是制备生物炭的重要原料。史晓凯等(2013)的研究表明腐殖酸可抑制砷向植物的转移,油菜中的砷浓度比对照组降低了26%。郭凌(2014)研究了不同种腐殖酸对玉米砷吸收的影响,结果显示不同种类的腐殖酸对土壤砷的作用不同,有的可活化土壤中的砷,有的可固化土壤中的砷,前者可辅助用于植物砷污染修复,而后者可直接用于固化土壤砷,降低植物对砷的吸收。Strawn 等(2015)向矿区砷污染土壤中添加生物炭,提高了山地雀麦(bromus marginatus)的生物量,并降低了根和茎中砷的浓度。Luke 等(2013)在砷严重污染的土壤中施加果树枝残渣制成的生物炭,土壤溶液中的砷浓度上升,西红柿的根和茎中的砷浓度却比对照组下降,表明生物炭会使土壤的淋溶作用增强,导致耕层土壤中的 As 更多地向深层土壤迁移的淋溶作用。

1.5.2.4 生物炭

生物炭是植物残体在缺氧或低氧环境下,经高温热解形成的产物,具有原材料来源广、成本低、生态安全、可大面积推广等技术优势。生物炭自身化学性质稳定,添加到土壤后可作为碳库长期储存,生物质碳化技术是公认的解决气候变化问题的可行技术措施之一。生物炭具有孔隙多、比表面积大、丰富的含氧官能团(羧基、羟基和酚基)和阳离子交换能力强等物理化学性质,添加到土壤后能增加土壤孔隙度、降低土壤容重、增强土壤持水力、降低土壤酸度、增加土壤有机质及养分含量等。

关连珠等(2013)研究发现,砷污染土壤添加 3 种不同生物炭(凋落松针、玉米秸秆、牛粪)后,其对砷的吸附容量和吸附强度较对照明显降低,使得土壤砷的有效性增强。Hartley 等(2009)研究发现,砷污染土壤添加生物炭后,能在一定程度上增加土壤 pH 并进而增加砷的活性。Carbonell-Barrchina 等（1997）认为，当土壤中砷造成毒害时，番茄根系能将砷固定在根系中，阻碍其向地上部分运输，以此保护自身。添加生物炭引起土壤砷活性增加的原因可能是：土壤 pH 升高引起土壤砷的活性增加。有研究认为，pH 升高时（碱性条件下），吸附在土壤铁氧化物表面的砷发生解吸附，使得土壤砷活性增加；也有研究认为，生物炭能提高土壤孔隙水磷的浓度，磷能通过置换使得结合在土壤颗粒的砷被释放，引起土壤孔隙水砷浓度增加。Beesley 等（2014）研究发现，添加生物炭使得土壤孔隙水 pH 增加和溶解态磷的浓度升高，并进而增加土壤砷活性。生物炭添加能提高土壤砷的活性，使得砷的环境风险增加。从植物修复角度考虑，砷活性增加能提高植物对砷的提取效率，缩短植物修复年限。Gregory 等（2014）研究发现，砷污染土壤添加生物炭后能显著提高黑麦草地上部分对土壤砷的富集效率。

1.5.3 固化剂的作用机制

不同类型的固化剂对重金属具有不同的固化机制，目前研究认为，可以将固化剂修复土壤重金属的作用机制主要分为以下几类。

1.5.3.1 沉淀或共沉淀

有些固化剂能够与土壤中中心离子发生沉淀或者共沉淀，生成了难溶的化合物，降低重金属的活性、毒性和溶解迁移性。例如熟石灰、$CaSiO_3$、$CaCO_3$ 等物质，可以提高土壤酸碱度，增加土壤表面负电荷，使重金属生成氢氧化物沉淀；对于砷来说，添加酸性的物质，如 $FeSO_4$，可降低土壤 pH 值，增加土壤表面正电荷，有利于降低土壤砷的移动性。此外，加入硫磺及某些还原性有机化合物，可以改变土壤氧化还原状态，使重金属生成硫化物沉淀；用磷酸盐类物质可使重金属形成难溶性磷酸盐。

1.5.3.2 离子交换与吸附

离子交换与吸附是固化剂固化土壤重金属最主要的作用机制。化学键合吸附（或内络合层吸附）具有强的选择性和不可逆性，不受离子强度的影响。很多固化剂本身对重金属具有很强的吸附能力，加入到土壤之后能提供自身的吸附能力，可提升土壤对重金属的吸附容量，从而降低其生物有效性。AsO_4^{3-} 在含 Fe、Al 物质作用下，可与铁铝氧化物表面的 OH^-、OH_2 等基团进行交换替代而被吸附在矿物表面，形成稳定的双齿双核结构的复合物。双金属氧化物具有较大的比表面积和孔隙度，对重金属有较强的吸附能力，且其特殊的层间结构在溶液中可以与目标重金属离子发生离子交换，以降低重金属的移动性。

1.5.3.3 氧化还原

砷是容易发生氧化还原反应的一种类金属。热力学计算表明，五价砷还原与三价铁还原的 Eh 范围十分接近。铁氧化物（氧氧化物）是土壤中吸附砷的最重要的固相物质，在厌氧条件下，三价砷的活化往往与二价铁的溶出相联。即当土壤中存在三价铁时，三价砷易转化为毒性相对较小的五价砷，同时，砷酸根吸附量相对于三价亚砷酸根吸附量较大，从而促进砷的固化。

1.6　研究目的及主要研究内容

1.6.1　研究目的

针对三七及其种植土壤的砷污染状况,通过盆栽试验,采取施用肥料以及添加不同土壤钝化剂的方法,研究其对三七砷富集的影响,以期找出合适的添加剂及剂量来降低三七的砷污染,提高三七药材的安全性;同时研究不同添加剂对三七的生长状况以及主要药效成分含量的影响,从而全面评价不同添加剂对降低三七砷污染的可行性和实用性;此外,通过研究不同添加剂对三七土壤中不同形态砷含量的影响及其与三七根中砷含量的关系,探究不同添加剂对降低三七砷富集的相关机制。

1.6.2　主要研究内容

本书主要采用盆栽试验,为解决三七的砷污染问题,主要进行了如下的研究:

1.6.2.1　磷、硫、硅添加剂对三七砷富集及砷价态的影响

通过施用磷、硫、硅添加剂,研究三七不同部位的砷含量变化状况,并测定了三七主要药用部位根中 As(Ⅲ)、As(Ⅴ)、DMA、MMA 四种不同价态砷的含量变化情况。

1.6.2.2　不同钝化剂对三七砷富集的影响

向砷污染土壤中添加零价铁、沸石、硅胶、硅藻土,分别在三七生长旺盛期和成熟期测量三七根、茎、叶各器官中总砷含量,计算富集系数,茎/根、叶/根转移系数,研究不同钝化材料对不同生长期的三七砷富集及转运能力的影响。

1.6.2.3　不同钝化材料对降低三七砷富集影响的机制探讨

通过顺序提取法,利用 HG – AFS 测试方法,测定土壤中非专性吸附态砷、专性吸附态砷、无定形铁锰氧化物结合态砷、结晶铁锰氧化物结合态砷、残渣态砷的含量,分析在不同种类的钝化剂的影响下土壤中各形态砷的含量变化,研究土壤各形态砷含量与三七各部位砷含量之间的关系,揭示不同钝化材料降低三七砷富集的机制。

1.6.2.4　不同钝化材料对缓解砷对三七毒性的影响

测量三七鲜重、干重、株高、叶面积、复叶数等形态学指标,从表观上观察不同钝化材料对三七生长状况的影响;通过测定三七叶中丙二醛(MDA)含量来揭示钝化剂对三七膜脂过氧化的影响;通过测定三七叶中超氧化物歧化酶(SOD)活性、过氧化物酶(POD)活性等指标来探究添加钝化材料后抗氧化系统酶对砷胁迫的响应情况。

1.6.2.5　不同钝化材料对三七皂苷类成分含量及药效成分关键酶基因表达量的影响

用 HPLC 方法测量三七根中主要药效成分三七皂苷 R1、人参皂苷 Rg1、人参皂苷 Rb1 的含量;测定药效成分合成途径中关键酶鲨烯合成酶(SS)、鲨烯环氧酶(SE)、达玛烷二醇合成酶(DS)、细胞色素 P450 酶(P450)基因的相对表达量,分析药效成分含量与关键酶基因表达量之间的关系。

第2章 磷、硫、硅添加剂对砷污染土壤中三七生长及砷吸收转运的影响

磷、硫、硅是三种植物生长过程中所需要的营养元素,并且目前已经有研究表明磷和五价砷化学性质类似,二者竞争同一个转运蛋白而进入植物体内,可能存在一定的拮抗作用;硅与三价砷也共用相同的吸收通道进入植物根系,两者存在一定的竞争作用;硫是植物体内非蛋白巯基类化合物的重要组成元素,而非蛋白巯基类化合物在植物解毒砷、镉等重金属的过程中有重要作用,硫可参与植物体内 – SH 类植物螯合肽的合成而能与砷络合进而将植物体内的砷固定在某一区域,起到降低植物砷吸收的作用。本章针对三七的砷污染问题,选用磷酸钠、硫酸钠、硅酸钠等三种添加剂处理砷污染土壤,并在土壤上种植三七,研究这三种添加剂分别对三七的生长以及砷吸收转运的影响,以期找出一种可以降低三七根中砷含量并同时促进或保持三七正常生长的有效方法,为以后采取农艺措施提高三七的安全性提供一定的科学依据。

2.1 盆栽试验

2.1.1 试验场地状况

本试验于 2015 年 1 月在云南省文山州砚山县苗乡三七科技园的种植基地(E:104.392 7°,N:24.719 7°,海拔:1 468 m)进行,云南省文山州是公认的三七原产区及道地产区,该地区低温度高海拔,年日照量充足,年降水量为 900 ~ 1 300 mm,年平均温度 14 ~ 17 ℃,属于亚热带大陆性季风气候。盆栽试验在人工现代化遮阴温室大棚中进行。

2.1.2 供试土壤

试验所用砷污染土壤采自云南省文山州砚山县小街一个废弃的砒霜厂附近的山坡上的 0 ~ 20 cm 的表层土,海拔 1 844 m。土壤采集后,带回试验基地,自然晾干,除去石头、草根等杂质,过 2 cm 的尼龙筛,备用。土壤的理化性质见表 2-1。

表 2-1　砷污染土壤的理化性质

总砷 (mg/kg)	全磷 (%)	全氮 (%)	有机质 (%)	速效磷 (mg/kg)	速效钾 (mg/kg)	碱解氮 (mg/kg)	阳离子交换量 (mmol/kg)	pH
214	0.081	0.23	4.78	6.9	62	110.5	134	4.46

2.1.3　试验设计

分别取一定量的 NaH_2PO_4、Na_2SO_4、$Na_2SiO_3 \cdot 9H_2O$（三种添加剂均为分析纯，产自北京化工厂），先溶于蒸馏水中，然后以溶液的形式加入供试土壤中，充分搅拌均匀，得到添加 P 浓度为 50 mg/kg、100 mg/kg、150 mg/kg 的土壤，记为 P50、P100、P150；添加 S 浓度为 50 mg/kg、75 mg/kg、100 mg/kg 的土壤，记为 S50、S75、S100；添加 Si 浓度为 50 mg/kg、100 mg/kg 的土壤，记为 Si50、Si100，并且以不添加任何添加剂的土壤作为对照土壤，记为 CK。处理后的土壤自然状态下陈化两周，装入内径为 27 cm、高为 21 cm 的塑料花盆中，每盆装 7 kg 土壤，每个处理设置 10 个重复。

2.1.4　盆栽管理

2015 年 1 月 31 日，移植生长状况均一的一年生三七籽条于花盆中，每盆种植 4 棵。所用三七籽条购自云南省文山州砚山县三七种植基地。花盆上方覆盖一层松针，用于隔热保湿，定时浇水，保持一定的湿度，生长过程中施用不含砷的化肥，其余管理与基地其他大田种植的管理方式相同，每个花盆随机摆放，并经常交换摆放位置。籽条移栽后会有一个多月的休眠期，3 月下旬发芽。在三七籽条休眠期间，添加剂处理过的土壤仍然在继续陈化。

2.2　样品采集及处理

移栽三七籽条 5 个月后，即三七生长旺盛期 2015 年 6 月，采集三七植株进行相关指标测定，将三七整个植株从土壤中挖出，装入塑料袋中带回实验室，先用自来水清洗整个植株，用软刷将根部泥土清洗干净，然后用蒸馏水清洗一遍，用陶瓷刀将植物分为根、茎、叶三部分，分别装入牛皮纸信封，并做好标记，放入烘箱，首先在 105 ℃下杀青 30 min，然后在 55 ℃下烘干直至恒重。另外，每个处理要取出一部分三七根，清洗后立即放入 -80 ℃下保存，用于测定三七中不同价态的砷含量。

将烘干的植物用高速旋转研磨仪（ZM200 pulverisette 14，德国），采用钛刀具粉碎，得到粒径小于 0.5 mm 的粉末；测定价态的样品先用冷冻干燥机（Christ，德国）冻干，然后用高速旋转研磨仪粉碎。碎粉后的样品装入自封袋，并放入干燥器中，待用。

2.3 各指标测定方法

2.3.1 三七形态学指标测定

采集三七样品之前先将其按处理进行分组拍照,观察生长状况;用卷尺测量三七的株高,叶面积(以中叶的长×宽表示),记录三七的复叶数、小叶数,并用便携式叶绿素仪(SPAD-502plus,日本)测定三七的叶绿素相对含量 SPAD 值(选取每株三七的中叶,在靠近叶脉中部附近测定,取均值),植株收获清洗拭干后,将三七分成根、茎、叶三部分,称量各部分的鲜重,待烘干后,再称量各部分的干重。

2.3.2 砷总量的测定方法

2.3.2.1 主要试剂和仪器

试验所用主要试剂如表 2-2 所示,所用试剂均直接使用,未进行进一步纯化。试验所用主要仪器如表 2-3 所示。

表 2-2　总砷含量测定所用主要试剂

名称	规格/编号	来源
浓盐酸	优级纯	北京化工厂
浓硝酸	优级纯	北京化工厂
高氯酸	优级纯	天津市东方化工厂
氢氧化钾	优级纯	天津市津科精细化工研究所
硼氢化钾	分析纯	广东省化学试剂工程技术研究开发中心
硫脲	分析纯	天津市津科精细化工研究所
抗坏血酸	分析纯	西陇化工股份有限公司
砷标准溶液	GBW08611	中国计量科学研究院国家标准物质研究中心
黄芪标准品	GBW10028	地球物理地球化学勘查研究所
土壤标准品	GBW07041	地矿部物化探所测试所
纯净水	—	杭州娃哈哈集团有限公司

表 2-3　总砷含量测定所用主要仪器

名称	型号	来源
分析天平	Mettler Toledo ME104	瑞士
高速旋转研磨仪	ZM200 pulverisette 14	德国
试验行星球磨机	XQM-1	长沙天创粉末技术有限公司
电热平板消解仪	S36	北京莱伯泰科仪器有限公司

续表2-3

名称	型号	来源
电热恒温鼓风干燥箱	DHG－9030A	上海精宏设备有限公司
双道全自动原子荧光分光光度计	AFS－830	北京吉天仪器公司
电子恒温水浴锅	DZKW－4	北京中兴伟业仪器有限公司
移液枪（1 mL,5 mL）	BRAND	德国

2.3.2.2　植物样品前处理

准确称取0.500 0 g植物样品于50 mL的玻璃消解管中,加入10 mL浓硝酸和2 mL高氯酸,盖上玻璃塞子,放入电热平板消解仪中,先冷消解(即不加热)12 h以上,然后用60 ℃预消解1 h,最后再将温度升至130 ℃,在此温度下消解,直至溶解变澄清,之后将温度降至115 ℃,打开塞子,将消解管中的酸赶出,直至消解管中的溶液剩余1~2 mL。

待消解完毕后,自然冷却至室温,将消解管中的溶液转移至25 mL比色管中,并用蒸馏水少量多次冲洗,一并倒入比色管中,然后将溶液用0.45 μm的滤膜过滤,根据情况稀释,放入4 ℃冰箱,待测。

2.3.2.3　质量控制

植物样品在消解过程中,插入黄芪标准品GBW10028进行质量控制,标准品中的砷含量为(0.57±0.05)mg/kg。同时,做一个不加植物样品的处理作空白对照。

2.3.2.4　砷标准曲线

取1 mL砷标准样品(1 mg/mL),逐级稀释,得到100 μg/L的母液,然后分别取1 mL、2 mL、5 mL、10 mL、20 mL、40 mL的母液放入100 mL的容量瓶中,分别加入20 mL的预还原剂(5%硫脲－5%抗坏血酸)和5 mL浓盐酸,预还原30 min,然后加水稀释至刻度线,分别得到浓度为1 μg/L、2 μg/L、5 μg/L、10 μg/L、20 μg/L、40 μg/L的砷标准溶液。开启仪器,使用原子荧光仪AFS－830测定不同浓度砷标准溶液的信号,以信号强度为纵坐标、标准溶液浓度为横坐标,绘制标准曲线。原子荧光仪AFS－830仪器的工作参数见表2-4。

表2-4　原子荧光仪AFS－830仪器的工作参数

仪器参数	数值
载流液	5% HCl
还原剂	2% $NaBH_4$（0.5% NaOH）
负高压（V）	280
原子化器高度（mm）	8
B道灯电流（mA）	60
载气流量（mL/min）	300
屏蔽气流量（mL/min）	800
注入量（mL）	0.5

在 $1 \sim 40$ μg/L 范围内,拟合所得标准曲线为 $Y = 85.728X + 14.702$, $R^2 = 0.9995$。仪器的检出限采用公式 LOD = 3 倍空白溶液信号的标准偏差/标准曲线斜率进行计算,得到的结果为 0.02 μg/L。黄芪标准品的砷含量测试结果是 0.55 mg/kg,说明此方法精密性良好,可以用于测量样品的砷含量。

2.3.3 不同价态砷含量测定方法

2.3.3.1 主要试剂和仪器

测定不同价态砷含量所用主要试剂和仪器如表 2-5 所示。

表 2-5 测定不同价态砷含量所用主要试剂和仪器

名称	规格/型号	来源
十二水合磷酸氢钠	99%	Sigma – aldrich
二水合磷酸二氢钠	99%	Sigma – aldrich
氢氧化钠	97%	Sigma – aldrich
硼氢化钠	98%	Sigma – aldrich
浓盐酸	优级纯	北京化工厂
一甲基砷酸钠标准品	1 000 mg/L	英国 PSA 公司
二甲基砷酸钠标准品	1 000 mg/L	英国 PSA 公司
砷酸钠标准品	1 000 mg/L	英国 PSA 公司
亚砷酸钠标准品	1 000 mg/L	英国 PSA 公司
纯净水	—	杭州娃哈哈集团有限公司
微波化学反应器	MCR – 3	巩义市予华仪器有限责任公司
固相萃取装置	SUPELCO	美国 Supelco 公司
HPLC – HG – AFS	PSA – 10.825	英国 PSA 公司
低速离心机	SC – 3614	安徽中科中佳科学仪器有限公司

2.3.3.2 不同价态砷的提取

称取 0.5000 g 冻干的三七根部粉末于 50 mL 离心管中,加入 10 mL 纯净水,在 60 ℃ 功率 80 W 下微波消解 30 min,消解完后自然冷却,4 000 rpm 离心 20 min,将上清液转入一个新的离心管中,向残渣中继续加入 10 mL 纯净水,重复以上步骤一次。合并两次的上清液,用纯净水稀释至 50 mL,过 0.22 μm 的滤膜,接着用 C18 小柱对样品进行纯化,去除待测成分之外的干扰物,滤液放入 4 ℃ 冰箱保存,待测。

2.3.3.3 仪器条件

样品中各价态的砷含量采用 PSA 公司的高效液相与氢化物发生原子荧光联用仪器(HPLC – HG – AFS)进行测定,样品溶液先通过 Hamilton PRP – X100(250 mm × 4.1 mm, 10 μm)阴离子交换柱,外接一个 25 mm × 2.3 mm、12 ~ 20 μm(Phenomenex)的保护柱进行分离,然后通过还原剂还原生成氢化物,由氩气带入 PS Analytical Millennium Excalibur

原子荧光光度计 PSA 10.055 中,空心阴极灯作为激发光源产生信号,由 SAMS + 软件记录信号谱图,最后通过 SAMScalc + + 软件计算样品中各价态砷的浓度。仪器的主要参数如表 2-6 所示。

表 2-6　HPLC – HG – AFS 主要工作参数

项目	参数
HPLC 流动相	50 mmol/L 磷酸缓冲液,pH = 6.0
流速	1.0 mL/min
酸载体	10% HCl
还原剂	0.7% NaBH$_4$(0.4% NaOH)
载气	高纯氩气
进样量	200 μL

2.3.3.4　各价态砷的标准曲线

分别取 1 mL 1 000 mg/L 的 As(Ⅲ)、DMA、MMA、As(Ⅴ)标准溶液加入同一容量瓶中,逐级进行稀释,配制 2 μg/L、5 μg/L、10 μg/L、20 μg/L、40 μg/L 的 As(Ⅲ)、DMA、MMA、As(Ⅴ)混合标准溶液,按照上述仪器条件,上机测试,对各个形态的砷分别以峰面积为纵坐标、浓度为横坐标进行线性拟合,得到四种价态砷的标准曲线(谱图如图 2-1 所示)。

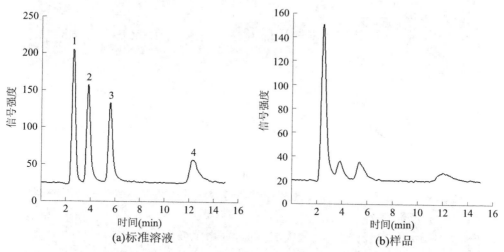

图 2-1　标准溶液和样品中各价态砷的谱图[标准溶液浓度为 10 μg/L,
峰 1、2、3、4 分别代表 As(Ⅲ)、DMA、MMA、As(Ⅴ)]

各价态砷的拟合曲线如下:As(Ⅲ):$Y = 506.63X - 248.62, R^2 = 0.999\ 5$;DMA:$Y = 345.22X - 114.60, R^2 = 0.999\ 7$;MMA:$Y = 284.58X - 141.81, R^2 = 0.999\ 7$;As(Ⅴ):$Y = 161.66X - 48.66, R^2 = 0.999\ 1$。四种价态砷的仪器检出限分别为 0.09 μg/L、0.17 μg/L、0.23 μg/L、0.61 μg/L。

2.3.4 数据统计分析

本书中的数据均使用 Microsoft Excel 2010 计算平均值及标准偏差,表格中的数据均以均值±标准偏差的形式表示。此外,使用 SPSS17.0 软件对各组数据进行单因素方差分析(ANOVA),采用 LSD 方法进行多重比较,检测各处理与对照组是否有显著性差异,$P < 0.05$。

2.4 结果与分析

2.4.1 磷、硫、硅添加剂对三七植株性状的影响

图 2-2 是使用不同剂量的磷、硫、硅添加剂处理的砷污染土壤中种植的三七在生长旺盛期(6 月)的生长状况的照片。图片显示,从表观上可以看到,在低剂量的三种添加剂的处理下,三七的生长状况与对照组没有明显差异,但随着添加剂添加量的增大,三七出现了叶片发黄、干枯、落叶甚至死亡的现象。相对比之下,磷处理的三七植株生长的比较健壮,叶片颜色比较深,尤其是在 50 mg/kg 处理下,三七比对照组看起来更繁茂,健壮。而在硫、硅处理下,三七长的比较瘦小,叶子发黄、掉落的现象比较严重。

(a)P

(b)S

图 2-2 P、S、Si 添加剂对三七生长的影响

(c)Si

续图 2-2

　　表 2-7 从株高、总叶数、叶面积、叶绿素相对含量 SPAD 值四个指标来定量分析不同剂量的磷、硫、硅添加剂对三七生长的不同影响效果。在磷处理下,随着磷添加浓度的增加,三七的株高降低了 2.47% ~ 18.09%,P100 处理下达到最低,从对照组的 25.10 cm 降低到 20.56 cm,比对照组显著降低 18.09%($P < 0.05$);三七的总叶数也随着磷添加量的增加而减少,同样在 P100 处理时出现最低,比对照组降低 15.07%,但与对照组并没有显著性差异;三七的叶面积随磷添加量的增加,出现了先增加后降低的趋势,在 P50 处理时,三七的叶面积最大,比对照组增加了 7.86%,当到达 P150 处理时,三七的叶面积降低了 25.75%,均无显著性差异;三七的叶绿素含量 SPAD 值随着磷浓度的添加而升高,在 P50 处理时达到最高,比对照组显著增加了 11.98%($P < 0.05$),在其他两个处理下叶绿素含量也有所提升,但差异不太显著。在硫添加剂处理下,三七的株高也随着硫添加量的增加而降低后又增加(100 mg/kg 处理下),降低幅度为 7.49% ~ 14.18%,并且在 S75 处理下达到最低 21.54 cm,但与对照组并没有显著性差异;三七的总叶数出现了先增加后降低的趋势,在 S75 时达到最高 16.2 片,比对照组增加了 10.96%,S50 处理下总叶数最少,比对照组降低 24.66%;三七的叶面积也是出现先增加后降低的趋势,S50 处理下出现最大值 25.07 cm²,比对照组增加了 4.99%,最低值出现在 S100,降低了 6.84%,但差异不明显;三七的叶绿素相对含量 SPAD 值在硫处理下比对照组增加了 2.48% ~ 7.59%,S50 处理下达到最大值 50.65 SPAD,但是没有显著性差异。在硅添加剂处理下,随着硅添加浓度的增加,三七的株高、总叶数、叶面积、叶绿素相对含量 SPAD 值均降低,且在 Si100 达到最低值,分别降低了 11.16%、28.77%、36.86%、10.21%,其中叶面积比对照组显著降低。

表 2-7　P、S、Si 添加剂对三七各形态学指标的影响($n = 5$)

处理	剂量 （mg/kg）	株高 （cm）	总叶数 （片/株）	叶面积 （cm²）	叶绿素相对含量 SPAD 值
磷	0	25.10 ± 3.65 a	14.6 ± 3.21 a	23.87 ± 6.04 a	47.08 ± 2.86 b
	50	23.38 ± 2.11 ab	14.4 ± 4.10 a	25.75 ± 8.36 a	52.72 ± 3.20 a
	100	20.56 ± 2.51 b	12.4 ± 3.36 a	18.81 ± 6.26 a	48.89 ± 4.54 ab
	150	24.48 ± 2.40 a	13.8 ± 2.17 a	17.72 ± 2.61 a	48.57 ± 4.27 ab
硫	0	25.10 ± 3.65 a	14.6 ± 3.21 ab	23.87 ± 6.04 a	47.08 ± 2.86 a
	50	21.76 ± 1.83 a	11.0 ± 2.24 b	25.07 ± 4.73 a	50.65 ± 4.74 a
	75	21.54 ± 6.09 a	16.2 ± 2.77 a	22.45 ± 7.82 a	48.24 ± 5.01 a
	100	23.22 ± 3.47 a	12.8 ± 3.96 ab	22.24 ± 8.32 a	48.45 ± 6.85 a
硅	0	25.10 ± 3.65 a	14.6 ± 3.21 a	23.87 ± 6.04 a	47.08 ± 2.86 a
	50	22.36 ± 3.51 a	12.2 ± 2.59 a	20.01 ± 5.42 ab	45.15 ± 4.40 a
	100	22.30 ± 4.28 a	10.4 ± 3.78 a	15.07 ± 6.74 b	42.27 ± 10.45 a

注:同一列数字后不同的字母表示具有显著性差异($P < 0.05$),下同。

从整体上来看,经添加剂处理后,三七的株高都出现了不同程度的降低,降低幅度最小的是 P50 处理;三七的总叶数大都减少,但 S75 处理增加了三七的总叶数;三七的叶面积在低剂量处理下有所增加,最大值在 P50 处理时;三七的叶绿素相对含量 SPAD 值大都得到了提升,且最大值在 P50 处理时,只有硅处理使三七的叶绿素相对含量 SPAD 值降低。总的来说,低剂量的磷、硫处理对三七的形态学指标表现出增强的作用,但硅添加剂没有对三七的生长表现出促进作用。

2.4.2　磷、硫、硅添加剂对三七生物量的影响

表 2-8 为在不同种类不同剂量添加剂的处理下,生长旺盛期,三七根、茎、叶各部位干重的变化情况。从表中可以看出,添加剂的处理使得三七根部干重显著下降,茎和叶的干重也有不同程度的降低。磷添加剂处理后,三七根部干重随磷剂量的增加而减小,比对照组降低 20.57% ~49.42%,P150 处理下,根部干重从 0.97 g/株显著降低到 0.49 g/株;茎的干重降低幅度为 3.38% ~35.02%,只有 P150 处理下显著降低;叶的干重先略增后降,在 P150 处理下显著下降了 74.43%。硫添加剂处理下,三七根部干重显著下降 29.24% ~58.28%,其中 S100 处理下达到最低 0.40 g/株;茎的干重降低了 7.17% ~52.18%,S100 处理下显著降低至 0.14 g/株;叶的干重降低了 32.5% ~83.3%,其中在 S100 处理下,叶的干重显著性大幅降低至 0.09 g/株。硅添加剂处理下,三七的根、茎、叶的干重分别降低了 51.66% ~51.72%、32.35% ~40.93%、73.71% ~85.20%,Si100 处理下,三七各部位干重的降低幅度最大。

表 2-8　P、S、Si 添加剂对三七各部位干重的影响(n = 4)

处理	剂量 (mg/kg)	根 (g/株)	茎 (g/株)	叶 (g/株)
磷	0	0. 97 ± 0. 21 a	0. 30 ± 0. 06 a	0. 55 ± 0. 10 a
	50	0. 77 ± 0. 17 ab	0. 29 ± 0. 06 a	0. 55 ± 0. 06 a
	100	0. 60 ± 0. 17 bc	0. 24 ± 0. 04 ab	0. 31 ± 0. 08 b
	150	0. 49 ± 0. 07 c	0. 19 ± 0. 06 b	0. 14 ± 0. 07 c
硫	0	0. 97 ± 0. 21 a	0. 30 ± 0. 06 a	0. 55 ± 0. 10 a
	50	0. 68 ± 0. 16 b	0. 28 ± 0. 04 a	0. 37 ± 0. 12 ab
	75	0. 56 ± 0. 16 bc	0. 23 ± 0. 07 ab	0. 24 ± 0. 12 bc
	100	0. 40 ± 0. 15 c	0. 14 ± 0. 06 b	0. 09 ± 0. 11 c
硅	0	0. 97 ± 0. 21 a	0. 30 ± 0. 06 a	0. 55 ± 0. 10 a
	50	0. 47 ± 0. 19 b	0. 20 ± 0. 07 a	0. 14 ± 0. 11 ab
	100	0. 47 ± 0. 11 b	0. 18 ± 0. 04 a	0. 08 ± 0. 01 b

从生物量数据可以清楚地看出不同添加剂对三七的不同影响作用,总体上来看,在高剂量磷、硫、硅添加剂处理下,三七的叶子更加敏感,生物量变化幅度最大,其次是根部,茎部的变化较小。另外,在相同的剂量下,磷处理相对而言对三七的生物量降低幅度最小。

2.4.3　磷、硫、硅添加剂对三七砷富集的影响

2.4.3.1　磷、硫、硅添加剂对三七各部位总砷含量的影响

不同剂量的磷、硫、硅添加剂对生长旺盛期三七根、茎、叶各部位砷含量的影响如图 2-3 所示。磷添加剂处理下,三七根中砷含量显著性降低 31. 49% ~ 56. 84%,且在 P100 处理下达到最低,由对照组的 9. 45 mg/kg 降低到 4. 08 mg/kg;而茎、叶中的砷含量随着磷添加剂剂量的增加而增加,茎中砷含量增加了 5. 77% ~ 81. 20%,P150 处理下由对照组的 0. 69 mg/kg 显著增加到 1. 25 mg/kg,叶中砷含量在 P50 处理下降低了11. 92%,随后随磷添加量的增加而上升,P150 处理下由对照组的 0. 58 mg/kg 增加到 1. 27 mg/kg,增幅117. 45%,但是没有显著性差异。在硫添加剂处理下,三七根中砷含量也显著降低了47. 26% ~ 64. 86%,且在 S100 达到最低 3. 32 mg/kg;茎中的砷含量随着硫添加量的增加而增大,提高 8. 75% ~ 60. 50%,S100 时含量最高为 1. 11 mg/kg,与对照组的差异不明显;叶中砷含量除在 S75 时升高 45. 21%外,其余处理下均比对照组低,且 S50 下含量最低0. 45 mg/kg,比对照组显著减少 22. 31%。在硅添加剂的处理下,三七根中砷含量显著低于对照组,在 Si50 处理下砷含量最低为 4. 36 mg/kg,比对照组降低 53. 83%;茎中砷含量随着硅剂量的增加而上升,Si100 时达到 1. 43 mg/kg 比对照组增加 106. 52%;叶中砷含量也随添加量的增加而增大,且在 Si100 时比对照组显著增加 118. 42%。

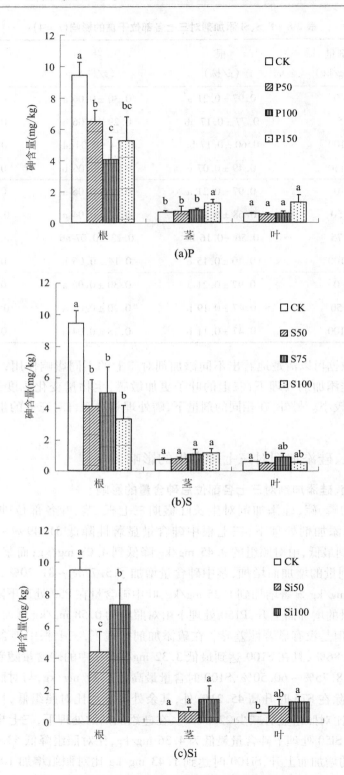

图 2-3　P、S、Si 添加剂对三七各部位砷含量的影响

　　对比三种不同添加剂对三七砷含量的影响来看,三种添加剂的添加均呈现出降低三七根中的砷含量,而使茎、叶中砷含量有所上升的规律。在所设定的添加剂剂量范围内,硫添加剂对三七的主要药用部位根中砷含量的降低作用最显著,其中在 S100 处理下,根中砷含量降低到 3.32 mg/kg,下降了 64.86%。其次,磷的作用也不错。相比之下,高剂量的硅(100 mg/kg)对三七根中砷含量的降低作用不太明显。

2.4.3.2　磷、硫、硅添加剂对砷的富集能力及转运能力的影响

　　植物对砷的转运能力通常用转运系数(Translocation Factor, TF)来表示,常用来评价植物将砷从地下部分转运到地上部分某器官的能力,数值越大,将砷向地上部分的转运能力就越强。转运系数通常用植物地上部分某器官中砷的含量与地下部分砷含量的比值来计算。在这里本书用茎转运系数和叶转运系数来衡量三七中的砷从根部到茎和叶的转运能力(见表 2-9)。从计算结果可以看出,三七对砷的转运能力茎大于叶。在磷处理下三七对砷的茎转运系数和叶转运系数分别随添加剂量的增加而增大,都在 P150 时达到最大,分别从对照组的 0.07、0.06 增加到 0.26、0.25,其中茎转运系数比对照组显著增加 271.43%,叶的转运系数比对照组增加 297.76%,但没有显著性差异。在磷添加剂的影响下,三七茎对砷的转运能力比叶对砷的转运能力强。在硫添加剂的处理下,三七的茎和叶对砷的转运系数也随硫添加剂剂量的增加而增大,其中茎的转运系数比对照组增加 200% ~414.29%,且在 S100 显著增加到最大 0.36;叶的转运系数增加 99.46% ~188.98%,在 S75 处理时达到最大 0.18。在硅添加剂处理下,三七茎和叶对砷的转运系数也有所增加,茎、叶的转运系数分别在 Si100、Si50 时变化量最大,分别比对照组增加 214.29%、157.17%。

表 2-9　P、S、Si 添加剂对三七的砷富集系数和转运系数的影响($n=4$)

处理	剂量 (mg/kg)	富集系数($\times 10^{-2}$)			转运系数	
		根	茎	叶	茎/根	叶/根
磷	0	4.43 ±0.65 a	0.32 ±0.05 b	0.27 ±0.03 a	0.07 ±0.01 b	0.06 ±0.00 a
	50	3.45 ±0.21 ab	0.43 ±0.15 ab	0.26 ±0.04 a	0.11 ±0.04 b	0.08 ±0.01 a
	100	2.33 ±0.71 b	0.47 ±0.05 a	0.35 ±0.10 a	0.22 ±0.07 a	0.16 ±0.08 a
	150	3.07 ±0.83 b	0.74 ±0.19 ab	0.75 ±0.32 a	0.26 ±0.12 a	0.25 ±0.07 a
硫	0	4.43 ±0.65 a	0.32 ±0.05 c	0.27 ±0.03 a	0.07 ±0.01 b	0.06 ±0.00 a
	50	2.16 ±0.95 b	0.39 ±0.03 bc	0.24 ±0.03 a	0.21 ±0.10 ab	0.12 ±0.04 a
	75	2.94 ±1.04 b	0.60 ±0.21 ab	0.50 ±0.17 a	0.23 ±0.14 ab	0.18 ±0.07 a
	100	1.98 ±0.52 b	0.66 ±0.18 a	0.32 ±0.03 a	0.36 ±0.17 a	0.15 ±0.03 a
硅	0	4.43 ±0.65 a	0.32 ±0.05 a	0.27 ±0.03 a	0.07 ±0.01 a	0.06 ±0.00 a
	50	2.87 ±1.00 b	0.44 ±0.21 a	0.65 ±0.32 b	0.15 ±0.07 a	0.22 ±0.04 b
	100	2.70 ±0.57 b	0.53 ±0.29 a	0.48 ±0.14 ab	0.22 ±0.18 a	0.16 ±0.03 ab

2.4.3.3 磷、硫、硅添加剂对三七根部不同价态砷含量的影响

砷由根系进入植物的根系细胞后,会在植物体内进行一系列的氧化还原反应,进而导致不同价态砷含量的变化。图 2-4 显示了不同剂量的磷、硫、硅添加剂对三七根部的 As(Ⅲ)、As(Ⅴ)、甲基砷(MMA 和 DMA 的总和)含量的影响。从图中可以看出,三七根部三种价态砷的含量大小顺序为 As(Ⅲ)＞As(Ⅴ)＞甲基砷,在对照组中三种价态砷含量分别为 5.59 mg/kg、0.48 mg/kg、0.34 mg/kg,所占比例分别为 87.23%、7.49%、5.28%。如图 2-4(a)所示,在磷添加剂的处理下,三七根部的 As(Ⅲ)比例显著性降低17.26%～35.28%,As(Ⅴ)比例显著性增加 155.15%～193.98%,甲基砷比例增加了45.59%～362.91%,其中在 P150 时,As(Ⅲ)的比例最低为 56.46%,甲基砷的比例最高,显著性增加至 24.44%,在 P50 时 As(Ⅴ)的比例最高为 22.02%。如图 2-4(b)所示,在硫添加剂处理下,三七根部的 As(Ⅲ)所占比例比对照组降低 21.29%～27.52%,As(Ⅴ)所占比例显著增加了 134.88%～209.64%,甲基砷所占比例增加了 75.64%～263.36%,其中,在 S75 时 As(Ⅲ)、As(Ⅴ)所占比例显著性降至最低,分别为 63.23%、17.59%,甲基砷所占比例显著性增加,达到最高值 19.18%,而 As(Ⅴ)在 S100 处理时所占比例最高为 23.19%。硅添加剂对三七根部各价态砷含量的影响如图 2-4(c)所示,同磷、硫添加剂的影响一样,硅添加剂促使了三七根部 As(Ⅲ)比例降低,As(Ⅴ)和甲基砷含量增加,并且在 Si50 时,As(Ⅲ)的含量最低为 45.60%,比对照组显著降低 27.52%,As(Ⅴ)的比例最高为 27.48%,比对照组显著增加 266.95%,甲基砷的比例也在 Si50 时最高为 26.92%,比对照组增加 409.96%,但没有显著性差异。

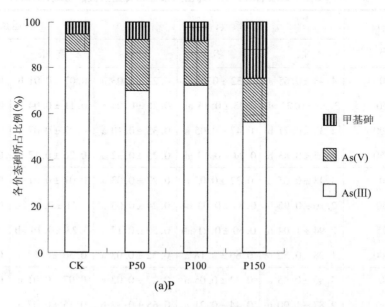

(a)P

图 2-4　P、S、Si 添加剂对三七根部各价态砷含量的影响

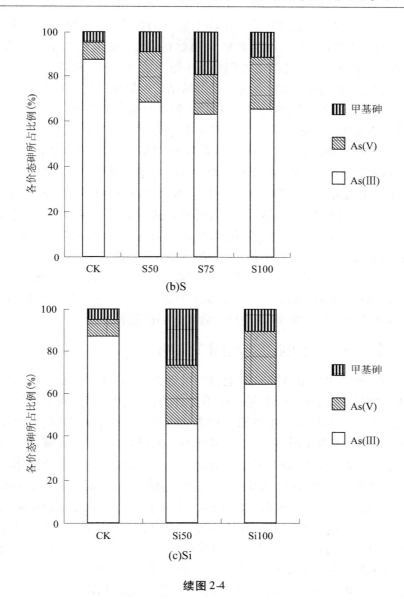

(b)S

(c)Si

续图 2-4

2.5　讨　论

2.5.1　磷、硫、硅添加剂对三七生长的影响

本章的研究结果表明,砷胁迫下 P100 处理使三七株高显著降低,S50 处理使三七总叶数显著下降,Si100 处理使三七叶面积显著下降,而 P50 则显著提高了叶片的 SPAD 值。此外,除 P50 处理外,其他各处理均显著降低了三七根、茎、叶的干重。这些现象说明,在砷胁迫下,向土壤中添加磷、硫或硅对三七的生长产生了不利影响(P50 处理除外)。关

于砷胁迫下,使用磷、硫、硅添加剂后对植物生物量的影响,不同的研究结果各有不同。大多数研究表明砷胁迫下添磷可缓解砷对植物的毒性,提高植物的生物量。薛培英(2009)的研究表明,砷胁迫下小麦和水稻的地上部干重会随外加磷剂量的增加而呈显著上升的趋势。此外,在番茄的研究中也有相似的结果。但张广莉(2002)的研究显示,在砷污染的红紫泥上添加磷可使水稻生物量增加,但在红棕紫泥加磷却使水稻的生物量下降,作者认为后者是因为添加磷后促使土壤中有效态砷含量增加而加剧对水稻的毒性。对于硫-砷的研究中,Fan(2013)的研究结果与作者结果一致,在砷胁迫下,水稻根部和地上部干重均随硫酸钠添加量的增加而降低。多位学者的研究表明,砷胁迫下添硅会提高水稻的生物量或对其无显著性影响。对于本章中磷、硫、硅使砷胁迫下的三七生物量下降的原因,一方面可能是不同植物对这些元素的需求量不同,过量施用这些元素反而会对植物的生长不利。三七是喜钾植物,可能对硫、硅的需求量不太大;另一方面,本章用的是磷酸钠、硫酸钠、硅酸钠来提供磷、硫、硅,而其他研究中大都用不含钠的物质来提供这些元素。大量的钠在土壤中会造成土壤盐度过大,从而影响植物的生长,因而在土壤中施加过量的钠盐也可能会对三七造成盐胁迫,降低其生物量。因此,在实际应用时应该谨慎选择各种肥料的类型,避免选用含钠较多的肥料。

2.5.2　磷、硫、硅对三七吸收及转运砷的影响

本研究发现,施磷可以显著降低三七根中的砷含量,且在 100 mg/kg 处理下含量最低,茎中砷含量略微升高,叶中砷含量变化不显著,有升高的趋势,根中砷的富集系数也显著降低,这和陈璐(2015)对三七的研究结果相一致,与水稻、小麦、板蓝根等其他植物中磷和砷相互作用效果也相同。一方面,磷和砷之间具有双重作用,磷会和土壤中的砷竞争土壤上的吸附位点而活化砷;另一方面,磷和砷又相互竞争进入植物体内的转运蛋白。因此,最终植物对砷的吸收影响取决于这两方面作用的共同结果。磷和砷的比例是影响两者相互作用的一个重要因素,过量的磷会过多占用土壤胶体表面的吸附位点而促进砷的生物有效性。本章的研究中,随磷添加量的增加,三七根中砷含量呈现出先降低后增加的趋势,这可能与磷增加了土壤中砷的有效性有关。张秀(2013)的研究发现在低砷污染下,增加磷的用量会增加精米中砷含量,而在砷污染程度较高时,增加磷的用量则可以降低精米中的砷含量。连娟(2013)的研究也表明,当砷含量小于 50 mg/kg 时,150 mg/kg 的磷可促进砷向水稻地上部分的转移。

本章的研究表明,砷胁迫下,施硫也可以显著降低三七根中砷含量,但不同剂量的硫之间没有显著性差异,S50 处理下,叶中砷含量也显著下降。关于硫对砷胁迫下植物砷富集的影响,多数研究表明,加硫可以降低水稻籽粒中或根中的砷含量。土壤中的硫酸根会在硫还原细菌的作用下被还原成 S^{2-},因而在一系列反应下与 Fe、As 等生成 As_2S_3 或 FeAsS 等难溶性的物质而降低砷的生物有效性,从而降低植物对砷的吸收,或者由于土壤中的 SO_4^{2-}、AsO_4^{2-} 都带负电荷,二者可以竞争植物根表面的吸附位点而减少在植物根系的吸附,从而减少根部的砷含量。但也有研究表明,随着硫添加量的增加,水稻根中可以固定砷的植物螯合肽含量增加,而使水稻根中砷含量增加,砷从地下部分到地上部分的

转移系数降低。本章中 S100 处理下,根到茎的砷转移系数显著升高,与前人的报导不太相符,这可能是因为植物的种类不同,土壤砷污染程度不同而造成的差异,具体机制尚需进一步研究。

硅和三价砷竞争 Lsi1 和 Lsi2 水通道蛋白,大量研究显示,水培或者土培条件下施硅可以不同程度地降低水稻对砷的吸收。本章对三七的研究结果和前人对水稻的研究结果相一致,砷胁迫下施硅显著降低了三七根中砷的含量。Si100 处理下三七根中砷含量比 Si50 处理下显著提高,但是仍然比对照组显著下降。研究显示,不同的硅砷比,不同的施硅期,生长介质中不同比例的三价砷和五价砷均会影响施硅对降低水稻体内砷含量的效果。因此,为了使施硅对降低三七砷富集的效果达到最佳,还需根据具体情况,选择更加合适的硅砷配比和施硅时期。

2.5.3　磷、硫、硅对三七体内无机砷和甲基砷含量的影响

本章的研究结果显示,土壤中施加磷、硫、硅分别可降低三七根中三价砷的比例,五价砷和有机砷的比例有所升高。大多数研究表明,当五价砷进入植物根部后主要进行还原反应生成三价砷,根部主要的形态是三价砷,本章的研究结果也证实了这个结果,三七根中三价砷为主要砷形态,占总砷的 $45.6\% \sim 87.23\%$。众所周知,有机砷的毒性要小于无机砷,提高植物可食部位的有机砷,降低无机砷含量对于植物的安全使用是有利的。Li(2009)发现,施硅可显著影响水稻中的砷形态,不仅使水稻籽粒中的无机砷降低了 59% ,还使籽粒中 DMA 含量提高了 33% 。Liu(2014)的研究表明,土壤中加硅可以显著抑制土壤中的 DMA 在土壤表面的吸附,从而增加土壤溶液中的 DMA,进而增加水稻对其的吸收而使水稻营养器官和生殖器官中 DMA 的含量均升高。Wu(2015)的研究也发现,加硅后不同基因型的水稻嫩芽中 DMA 含量提高了 $25\% \sim 100\%$,MMA 的含量提高了 $20\% \sim 40\%$,并且认为施硅促进了土壤中砷的甲基化以及水稻对甲基砷的吸收。本章的研究也发现,施硅增加了三七根中甲基砷的含量,和前人的研究结果一致。此外,磷、硫也不同程度地提高了三七根中甲基砷的含量,这可能也和提高了土壤溶液中的有机砷含量有关,但具体机制尚需进一步研究证实。磷、硫、硅除增加了三七根中甲基砷含量外,还使三价砷的含量降低,五价砷含量增加,这可能是因为根中总砷的含量降低,而使三价砷的吸收也有所降低。另外,根中的三价砷大多会被 -SH 结合形成 PCs - As 或 GSH - As 络合物,而使 HPLC - HG - AFS 方法检测到的三价砷含量偏低,三七根中 PCs - As 络合物的含量及分布还需通过同步辐射扩展 X 射线吸收精细结构(Synchrotron Radiation Exterded X-Ray Absorption Fire Structure,简称 SREXAFS)方法进一步研究。

2.6　本章小结

(1)磷、硫、硅处理对砷胁迫下三七的株高、总叶数、叶面积、SPAD 值没有显著影响,除了 100 mg/kg 磷处理使三七株高显著降低,50 mg/kg 磷处理使叶绿素相对含量 SPAD 值显著升高,100 mg/kg 硅显著降低了三七的叶面积。

（2）除了低磷（50 mg/kg）对三七根部生物量影响不大，其他剂量的磷、硫、硅处理均显著降低了三七根部生物量，当添加量大于 50 mg/kg 时，磷、硫、硅添加剂均使三七茎、叶生物量显著下降。

（3）磷、硫、硅添加剂均显著降低了三七根部砷含量，且在 100 mg/kg 硫处理下，根中砷含量最低，其次是 100 mg/kg 磷处理，茎、叶中砷含量变化不显著；各处理下，三七根的砷富集能力显著下降，茎的砷富集能力在磷、硫高剂量处理下显著升高，硅处理下，叶的砷富集能力显著提高；磷、硫处理可显著增强砷从根部到茎部的转运，硅处理使砷由根到叶的转运能力显著上升。

（4）施磷显著降低了三七根部三价砷所占比例，显著提高了五价砷和甲基砷的比例；施硫也显著提高了五价砷和甲基砷的比例，显著降低了三价砷的比例；施硅显著降低了三价砷的比例，显著提高了五价砷和甲基砷的比例，且在 50 mg/kg 硅处理下，甲基砷增加幅度最大。

（5）综合来看，磷、硫、硅的添加剂量为 50 mg/kg 时有利于降低三七根部砷富集量，且对三七生长的不利影响最小，相比硫、硅添加剂，施磷对三七生长的负面影响最小，在选用磷、硫、硅处理砷污染土壤时，应避免使用含钠离子的物质。

第 3 章　不同钝化剂对三七种植土壤中砷的生物有效性的影响

砷的原位固化技术是一种砷污染土壤的修复手段,通过向土壤中加入一定量的钝化剂,经过一系列的吸附解吸、络合、氧化还原、沉淀等反应,可以有效降低砷在土壤中的迁移性,降低植物对砷的吸收。目前,可用于土壤砷污染修复的钝化剂的种类主要有含铁矿物类、黏土矿物类、生物炭、有机物类等,每种材料都有不同的特点、修复机制以及适用的污染土壤环境。土壤的分级提取试验、对植物的生物有效性、经济效益评价等常常用于对钝化剂的固化效果的评价。砷污染土壤固化修复的首要目的就是降低土壤砷的生物有效性,降低种植在该土壤上的植物对砷的吸收富集,同时尽量减少对环境的二次破坏,综合考虑修复成本等经济效应也是非常有必要的。因此,针对某一类型的砷污染土壤,综合考虑各方面因素,选择最适宜的固化材料来调控砷在土壤 – 植物系统的迁移是非常必要的。由于三七种植周期长、土地资源紧张等问题,利用土壤添加剂将土壤中的砷原位钝化来降低砷对三七的毒害及其在三七中的富集是目前较适应于三七种植业发展现状的治理手段。

本章主要选用了四种不同的土壤钝化剂,主要分为含铁类材料零价铁、黏土矿物类材料沸石、含硅类材料硅胶和硅藻土,通过盆栽试验,添加到三七种植区砷污染土壤中以对砷进行固化调控,研究这四种材料对三七砷富集以及对土壤砷形态的影响,以期找出能降低三七砷富集的最佳的钝化剂的种类及剂量,并探讨不同钝化剂影响三七砷富集的相关机制。

3.1　盆栽试验

试验场地情况及供试土壤同 2.1.1 及 2.1.2。

3.1.1　试验设计

选用铁粉、沸石、硅胶、硅藻土四种钝化剂(其来源见表3-1),分别以固体粉末的形式加入土壤中,充分搅拌与土壤混合均匀,得到添加铁浓度为 0.05%、0.1%、0.15% 的土壤,记为 Fe 0.05%、Fe 0.1%、Fe 0.15%;添加沸石浓度为 0.5%、1%、1.5% 的土壤,记为

Z 0.5%、Z 1%、Z 1.5%;含硅胶浓度为 2%的土壤,记为 GL;含硅藻土浓度为 2%的土壤,记为 DE,并且以不添加任何添加剂的土壤作为对照土壤,记为 CK。处理后的土壤放置陈化两周,装入内径 27 cm、高 21 cm 的塑料花盆中,每盆装 7 kg 土壤,每个处理设置 10 个重复。

表 3-1　四种钝化剂的基本情况

添加剂	规格	来源
铁粉	分析纯	天津市津科精细化工研究所
沸石	粒径小于 100 目	购自砚山县市场
硅胶	粒径小于 100 目	北京化工厂
硅藻土	粒径小于 100 目	北京化工厂

3.1.2　日常管理

基本管理情况同 2.1.4,因为三七的花不是本研究关注的重点,为了避免花与三七根、茎、叶竞争过多的养分,生长过程中将三七的花打掉。

3.1.3　样品采集

对三七进行一年的研究,分别于 2015 年 6 月和 2015 年 10 月,即三七的生长旺盛期和成熟期进行采样,采集三七植株及根际土壤,每个处理采集 4 个重复。植物样品带回实验室后用自来水清洗整个植株,用软刷将根部泥土清洗干净,然后用蒸馏水清洗一遍,将植物分为根、茎、叶三部分,装入牛皮纸信封,放入烘箱,首先在 105 ℃下杀青 30 min,然后在 55 ℃下烘干直至恒重。所取根际土壤也放入牛皮纸信封中,在室温下自然晾干。

将烘干的植物用高速旋转研磨仪(ZM200 pulverisette 14,德国)粉碎,得到粒径小于 0.5 mm 的植物样品粉末,土壤样品用球磨仪(XQM－1,中国)磨碎,分别过 18 目和 100 目的尼龙筛,粉(磨)碎后的样品装入自封袋,并放入干燥器中,待用。

3.2　各指标测定方法

3.2.1　植物各部位总砷含量测定方法

三七根、茎、叶各部位总砷含量的测定方法同 2.3.2 的方法。

3.2.2　土壤相关指标的测定方法

3.2.2.1　主要试剂和仪器

土壤相关指标测定所用主要试剂和仪器如表 3-2、表 3-3 所示。

表 3-2　土壤相关指标测定所用主要试剂

名称	规格/编号	来源
浓盐酸	优级纯	北京化工厂
浓硝酸	优级纯	北京化工厂
氢氧化钾	优级纯	天津市津科精细化工研究所
硼氢化钾	分析纯	广东省化学试剂工程技术研究开发中心
硫脲	分析纯	天津市津科精细化工研究所
硫酸铵	优级纯	天津市津科精细化工研究所
磷酸氢二铵	分析纯	广东省化学试剂工程技术研究开发中心
草酸铵	分析纯	西陇化工股份有限公司
抗坏血酸	分析纯	西陇化工股份有限公司
砷标准溶液	GBW08611	中国计量科学研究院国家标准物质研究中心
土壤标准品	GBW07402	地矿部物化探所测试所
纯净水	—	杭州娃哈哈集团有限公司

表 3-3　土壤相关指标测定所用主要仪器

名称	型号	来源
电子恒温水浴锅	DZKW－4	北京中兴伟业仪器有限公司
移液枪	BRAND	德国
电子天平	JJ1000Y	常熟市双杰测试仪器厂
试验行星球磨机	XQM－1	长沙天创粉末技术有限公司
水浴振荡器	SHZ－88A	江苏太仓仪器有限公司
低速离心机	SC－3614	安徽中科中佳科学仪器有限公司
pH 计	WTW3110	德国
双道全自动原子荧光分光光度计	AFS－830	北京吉天仪器公司

3.2.2.2　土壤总砷含量测定方法

土壤总砷的测定参照《中华人民共和国农业行业标准》(NY/T 1121.2—2006)的方法进行。精确称取 0.500 0 g 过 100 目筛的土壤放入 50 mL 的玻璃管中,加入 10 mL 50% 的王水,摇均,盖上塞子,放入水浴锅中,沸水浴中消解 2 h,期间每隔一段时间搅拌一次。消解后,自然冷却,定容至刻度线,静置,吸取上清液,稀释,使用 HG－AFS 仪器测定溶液中的总砷含量。采用土壤标准品 GBW07402[标准品砷含量(13.7 ± 1.2) mg/kg] 内插作为质控,并同时做空白处理。土壤消解液中总砷的测定按照 2.3.2.4 的方法,标准物质总砷测量值为 12.5 mg/kg。

3.2.2.3 土壤 pH 的测定方法

土壤 pH 的测定参照《中华人民共和国农业行业标准》(NY/T 1121.2—2006)的方法进行。称取 10 g 过 18 目筛的土壤放入 50 mL 的离心管中,加入 25 mL 纯净水,剧烈振荡 1 min,然后静置 1 h,将玻璃电极 pH 酸度计插入上清液中测定溶液的 pH。

3.2.2.4 土壤各形态砷含量测定方法

土壤各形态砷按照 Wenzel(2001)分级方法,分为非专性吸附态砷、专性吸附态砷、无定形和弱结晶铁锰或铁铝水化氧化物结合态砷、结晶铁锰或铁铝水化氧化物结合态砷、残渣态砷。称取 0.500 0 g 过 18 目筛的土壤于 50 mL 的离心管中,加入 12.5 mL 0.05 mol/L(NH_4)$_2$$SO_4$,200 rpm/min 室温水浴振荡 4 h,然后 3 000 rpm/min 离心 20 min,将上清液过 0.45 μm 滤膜,即得到非专性吸附态砷;接着继续加入 12.5 mL 0.05 mol/L (NH_4)$_2$$HPO_4$,水浴振荡 16 h,离心过滤,得到专性吸附态砷;继续加 12.5 mL 0.2 mol/L (NH_4)$_2$$C_2O_4$,水浴振荡 4 h,离心过滤,得到无定形和弱结晶铁锰或铁铝水化氧化物结合态砷;继续加入 12.5 mL 0.2 mol/L(NH_4)$_2$$C_2O_4$ +0.2 mol/L 抗坏血酸溶液,90 ℃水浴加热 30 min,冷却,离心过滤,得到结晶铁锰或铁铝水化氧化物结合态砷;剩余土壤晾干后,用王水溶液进行消解即得到残渣态砷。每个步骤的提取液中的砷含量都用 HG - AFS 仪器测定。

3.2.3 数据统计分析

本书中的数据均使用 Microsoft Excel 2010 计算平均值及标准偏差,表格中的数据均以均值 ± 标准偏差表示。此外,使用 SPSS 17.0 软件对各组数据进行单因素方差分析(ANOVA),并采用 LSD 方法进行多重比较,$P < 0.05$;对三七各部位砷含量与土壤各形态砷含量之间进行 Pearson 相关性分析。

3.3 结果与分析

3.3.1 不同剂量不同钝化剂对三七各部位砷富集的影响

不同剂量不同种类的钝化剂对生长旺盛期和成熟期三七根、茎、叶各部位砷富集的影响如图 3-1 所示。在生长旺盛期,测得对照组三七根、茎、叶各部位砷含量分别为 9.45 mg/kg、0.69 mg/kg、0.58 mg/kg,在各种钝化剂的处理下,三七根中砷含量均显著下降,但茎、叶中砷含量的变化规律不太一致。生长旺盛期,在零价铁处理下[见图 3-1(a)],三七根中砷含量在 0.15% 时显著降低 70.42%,但各剂量处理之间没有显著性差异;而其茎中砷含量也随添加剂量的增加而降低,0.15% 时显著降低 41.21%;叶中砷含量在铁处理下比对照组升高 2.92% ~ 12.22%,在 0.50% 处理时含量最高,但与对照组相比差异不显著。在沸石处理下[见图 3-1(c)],三七根、茎含量都有所降低,根中砷含量显著降低了 46.85% ~ 50.32%,在 0.50% 处理时砷含量最低,为 4.69 mg/kg,但各剂量处理之间显著性差异不大;茎中砷含量随沸石剂量的增加而减少,在 1.50% 时最低,比对照组显著降低 49.27%;叶中砷含量先增加后降低,但与对照组无显著性差异。硅胶、硅藻土处理下[见图 3-1(e)],三七根中砷含量均显著性降低,两种钝化剂处理下根中砷含量差别不大;在硅胶处理下茎中砷含量略微降低,而硅藻土处理下茎中砷含量略有上升,但没有显著性差异;叶中砷含量均比对照组有显著增加,但硅胶与硅藻土间没有显著性差异。

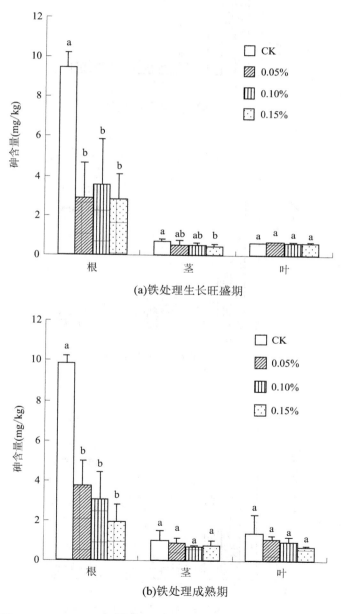

(a)铁处理生长旺盛期

(b)铁处理成熟期

图 3-1　不同剂量不同种类的钝化剂对三七各部位砷富集的影响

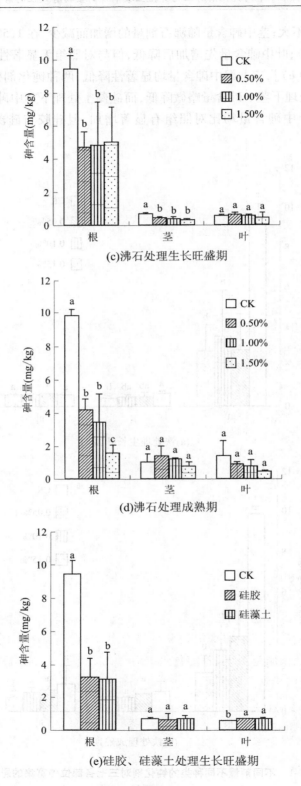

(c)沸石处理生长旺盛期

(d)沸石处理成熟期

(e)硅胶、硅藻土处理生长旺盛期

续图 3-1

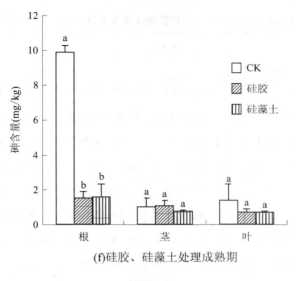

(f)硅胶、硅藻土处理成熟期

续图 3-1

在成熟期,对照组三七根、茎、叶砷含量分别为 9.87 mg/kg、0.99 mg/kg、1.37 mg/kg,在两个生长期不同钝化剂均使三七根中砷含量降低,叶中砷含量也随钝化剂的添加而降低,而茎中的砷含量除沸石的 0.50%、1.00% 处理及硅胶处理外,其余都比对照组降低,但茎叶中砷含量均与对照组间无显著差异。成熟期时,铁处理[见图 3-1(b)]使三七根、茎、叶中的砷含量均随铁添加量的增加而显著降低,含量分别为 1.92 mg/kg、0.74 mg/kg、0.68 mg/kg,且在 0.15% 的处理下达到最低,根中砷含量比对照组降低 80.52%,茎、叶的砷含量与对照组的变化差异性不显著。沸石处理下[见图 3-1(d)],三七根和叶中砷含量分别随沸石剂量的增加而分别降低 58.17% ~ 84.37%、38.32% ~ 68.19%,在 1.50% 处理下,根、叶中砷含量均为最低,分别为 1.54 mg/kg、0.44 mg/kg,但各沸石处理组根中砷含量均与对照组相比有显著下降,而叶中砷含量无显著性下降;茎中的砷含量在沸石的添加下先增加后降低,在 0.50% 处理时最大,比对照组增加 40.38%,随后在 1.50% 处理下比对照组降低了 25.28%,但与对照组无显著性差异。硅胶、硅藻土处理下[见图 3-1(f)],三七根中的砷含量下降更为显著,分别比对照组降低了 84.5%、84.28%,分别降至 1.53 mg/kg、1.55 mg/kg;硅胶使茎中砷含量略微升高,硅藻土使茎中砷含量降低;硅胶和硅藻土均使三七叶中砷含量低于对照组,但与对照组间无显著性差异。

对比两个生长期三七根中砷富集状况可以看出,随着钝化剂作用时间的增长,对三七根中砷含量的降低作用越明显,各钝化剂处理下,成熟期三七根中砷含量均低于生长旺盛期,且最低浓度均小于 2 mg/kg,达到了中药材中砷含量的限量标准。

3.3.2 不同钝化剂对三七各部位砷富集和转运能力的影响

表 3-4、表 3-5 从富集系数和转运系数这两方面,进一步反映了不同钝化剂的处理对三七根、茎、叶各部位对砷的富集和转运能力的影响。

表 3-4　不同钝化剂对三七生长旺盛期砷富集系数和转运系数的影响（n = 4）

处理	剂量	富集系数（×10⁻²）			转运系数	
		根	茎	叶	茎/根	叶/根
零价铁	0	4.43 ± 0.65 a	0.32 ± 0.05 a	0.27 ± 0.03 b	0.07 ± 0.01 a	0.06 ± 0.00 a
	0.05%	1.50 ± 0.93 b	0.27 ± 0.13 a	0.26 ± 0.17 ab	0.20 ± 0.07 a	0.37 ± 0.17 a
	0.10%	2.01 ± 1.35 b	0.27 ± 0.09 a	0.35 ± 0.08 ab	0.16 ± 0.04 a	0.23 ± 0.13 a
	0.15%	1.78 ± 0.93 b	0.25 ± 0.12 a	0.38 ± 0.05 a	0.19 ± 0.12 a	0.26 ± 0.13 a
沸石	0	4.43 ± 0.65 a	0.32 ± 0.05 a	0.27 ± 0.03 a	0.07 ± 0.01 a	0.06 ± 0.00 a
	0.50%	2.33 ± 0.45 b	0.23 ± 0.03 a	0.33 ± 0.06 a	0.10 ± 0.03 a	0.15 ± 0.04 a
	1.00%	2.65 ± 1.36 b	0.23 ± 0.05 a	0.33 ± 0.03 a	0.10 ± 0.04 a	0.15 ± 0.07 a
	1.50%	3.43 ± 1.52 ab	0.24 ± 0.04 b	0.33 ± 0.18 a	0.08 ± 0.04 a	0.13 ± 0.06 a
硅胶硅藻土	0	4.43 ± 0.65 a	0.32 ± 0.05 a	0.27 ± 0.03 a	0.07 ± 0.01 a	0.06 ± 0.00 b
	2.00%	2.07 ± 0.77 b	0.43 ± 0.20 a	0.46 ± 0.03 b	0.23 ± 0.10 a	0.25 ± 0.09 a
	2.00%	1.73 ± 1.04 b	0.40 ± 0.09 a	0.40 ± 0.05 c	0.27 ± 0.12 a	0.27 ± 0.09 a

表 3-5　不同钝化剂对三七成熟期砷富集系数和转运系数的影响（n = 4）

处理	剂量	富集系数（×10⁻²）			转运系数	
		根	茎	叶	茎/根	叶/根
零价铁	0	5.04 ± 0.66 a	0.51 ± 0.34 a	0.72 ± 0.52 a	0.10 ± 0.06 b	0.14 ± 0.10 b
	0.05%	1.95 ± 0.65 b	0.38 ± 0.10 a	0.53 ± 0.13 a	0.26 ± 0.13 ab	0.32 ± 0.14 ab
	0.10%	1.84 ± 0.61 bc	0.37 ± 0.07 a	0.52 ± 0.12 a	0.26 ± 0.11 ab	0.36 ± 0.15 ab
	0.15%	0.75 ± 0.34 c	0.31 ± 0.15 a	0.31 ± 0.05 a	0.42 ± 0.18 a	0.41 ± 0.19 a
沸石	0	5.04 ± 0.66 a	0.51 ± 0.34 a	0.72 ± 0.52 a	0.10 ± 0.06 b	0.14 ± 0.10 b
	0.50%	1.75 ± 0.83 b	0.55 ± 0.29 a	0.34 ± 0.09 a	0.34 ± 0.07 a	0.22 ± 0.05 ab
	1.00%	1.53 ± 0.25 b	0.46 ± 0.07 a	0.35 ± 0.23 a	0.35 ± 0.11 a	0.21 ± 0.11 ab
	1.50%	0.69 ± 0.17 b	0.39 ± 0.12 a	0.20 ± 0.00 a	0.50 ± 0.15 a	0.29 ± 0.06 ab
硅胶硅藻土	0	5.04 ± 0.66 a	0.51 ± 0.34 a	0.72 ± 0.52 a	0.10 ± 0.06 b	0.14 ± 0.10 b
	2.00%	0.87 ± 0.19 b	0.63 ± 0.30 a	0.42 ± 0.11 a	0.72 ± 0.29 a	0.48 ± 0.06 a
	2.00%	0.89 ± 0.40 b	0.43 ± 0.03 a	0.40 ± 0.08 a	0.53 ± 0.18 a	0.52 ± 0.24 ab

　　从计算结果可以看出，两个时期不同剂量的钝化剂均使三七根部砷富集系数显著降低，茎的富集系数除硅胶、硅藻土（生长旺盛期）外也都下降，但与对照组没有显著性差异，叶的富集系数在生长旺盛期均升高，但在成熟期都比对照组降低。在两个时期，所有的钝化剂处理均使茎/根、叶/根转运系数增加。在生长旺盛期，对照组的三七各部位砷

富集能力表现为根＞茎＞叶,在钝化剂的处理下,各部位的砷富集能力有所变化,变为根＞叶＞茎;在成熟期,对照组对砷的富集能力为根＞叶＞茎,钝化剂处理下变成了根＞茎＞叶,砷主要富集在三七的根部,而不同生长时期以及钝化剂的处理会改变茎、叶的富集能力。对照组砷的转运系数,生长旺盛期茎略大于叶,而成熟期变为茎大于叶。在零价铁的处理下,两个时期叶的转运系数均大于茎;在沸石的处理下,生长旺盛期叶的转运系数大于茎,而成熟期变为茎大于叶;在硅胶的处理下,生长旺盛期叶的转运系数大于茎,而成熟期相反;硅藻土的处理下,两个时期的三七茎、叶的转运系数差别不大。

对比两个生长时期可以看出,随着生长时间的增长,对照组中三七根、茎、叶的砷富集能力均增加,但钝化剂处理后变化规律却有所不同。在零价铁的处理下,除 0.05% 处理下外,根的富集能力成熟期低于生长旺盛期,而茎、叶的富集能力却随生长时间的增长而增加;沸石处理下,成熟期三七根对砷的富集能力比生长旺盛期低,茎的砷富集能力随时间增长而增加,叶的砷富集能力随时间增加变化不大;硅胶、硅藻土处理也使根的砷富集能力随时间增长而下降,但茎、叶的砷富集能力变化不大。随时间增长,对照组以及不同钝化剂处理下三七茎、叶的砷转运能力均增加。

3.3.3　不同钝化剂对三七根际土壤 pH 的影响

不同剂量不同种类的钝化剂对三七生长旺盛期和成熟期根际土壤 pH 的影响如表 3-6 所示。在零价铁的处理下,生长旺盛期土壤 pH 随添加剂量的增加而增加,提高 0.11～ 0.35 个单位,而在成熟期,土壤 pH 却随添加剂量增加而显著性降低,减小了 0.25～0.37 个单位。在沸石的处理下,生长旺盛期,土壤 pH 降低了 0.02～0.23 个单位,且在 1.00% 处理时显著降低 4.60%,成熟期时在沸石处理下 pH 先降低后增加至 5.71,比对照组提高 10.23%。硅胶处理下在两个时期 pH 分别比对照组降低 0.20、0.14 个单位,硅藻土处理下,生长旺盛期 pH 降低 0.14,在成熟期增加了 0.18。除了铁处理下土壤 pH 在成熟期比生长旺盛期低,对照组以及其他处理的土壤 pH 都是成熟期要比生长旺盛期高。总体来看,各种钝化剂使三七根际土壤 pH 变化量小于 0.60 个单位,影响幅度不大。

表 3-6　不同剂量不同种类的钝化剂对三七根际土壤 pH 的影响($n=3$)

处理	剂量	生长旺盛期	成熟期
零价铁	0	5.00 ± 0.11 a	5.18 ± 0.11 a
	0.05%	5.11 ± 0.13 a	4.93 ± 0.12 b
	0.10%	5.16 ± 0.28 a	4.81 ± 0.20 b
	0.15%	5.35 ± 0.29 a	4.81 ± 0.11 b
沸石	0	5.00 ± 0.11 a	5.18 ± 0.11 a
	0.50%	4.82 ± 0.16 a	5.10 ± 0.03 a
	1.00%	4.77 ± 0.06 b	5.15 ± 0.03 a
	1.50%	4.98 ± 0.12 a	5.71 ± 0.57 a

续表 3-6

处理	剂量	生长旺盛期	成熟期
硅胶	0	5.00 ± 0.11 a	5.18 ± 0.13 a
硅藻土	2.00%	4.80 ± 0.12 a	5.04 ± 0.27 a
	2.00%	4.86 ± 0.08 a	5.36 ± 0.60 a

3.3.4 不同钝化剂对三七根际土壤砷形态的影响

不同钝化剂对生长旺盛期和成熟期三七根际土壤中五种不同形态砷所占比例及含量的影响如图 3-2、图 3-3 所示。在生长旺盛期,对照组及各处理下五种不同形态的砷呈现出结晶铁锰或铁铝水化氧化物结合态砷(34.49% ～41.79%)>无定形和弱结晶铁锰或铁铝水化氧化物结合态砷(19.70% ～29.43%)>专性吸附态砷(18.37% ～22.81%)>残渣态砷(11.42% ～15.79%)>非专性吸附态砷(0.61% ～0.91%)的分布规律。对照组中非专性吸附态砷的含量为 1.37 mg/kg,专性吸附态砷含量为 41.72 mg/kg,无定形和弱结晶铁锰或铁铝水化氧化物结合态砷含量为 54.67 mg/kg,结晶铁锰或铁铝水化氧化物结合态砷含量为 79.60 mg/kg,残渣态砷含量为 30.89 mg/kg。零价铁处理下,根际土壤中非专性吸附态砷的比例降低了 3.95% ～7.15%,其中在 0.05% 处理时,非专性吸附态含量最低,专性吸附态砷也降低了 8.30%,残渣态提升了 5.47%。沸石处理下,非专性吸附态砷随添加量的增加而先降后增,在 1.50% 处理时,专性吸附态砷、无定形和弱结晶铁锰或铁铝水化氧化物结合态砷所占比例降低,转化成非专性吸附态砷、结晶铁锰或铁铝水化氧化物结合态砷、残渣态砷。在硅胶处理下,无定形和弱结晶铁锰或铁铝水化氧化物结合态砷比例显著降低,转化成其余四态砷,非专性吸附态砷比对照组显著增加了 38.75%;在硅藻土处理下,无定形和弱结晶铁锰或铁铝水化氧化物结合态砷和残渣态砷都有所降低,其余三态砷含量上升,但没显著性差异。

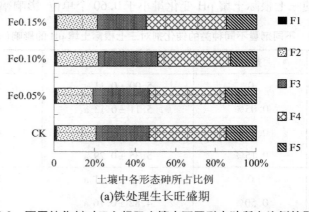

(a)铁处理生长旺盛期

图 3-2 不同钝化剂对三七根际土壤中不同形态砷所占比例的影响

(F1:非专性吸附态砷;F2:专性吸附态砷;F3:无定形和弱结晶铁锰或铁铝水化氧化物结合态砷;
F4:结晶铁锰或铁铝水化氧化物结合态砷;F5:残渣态砷,下同)

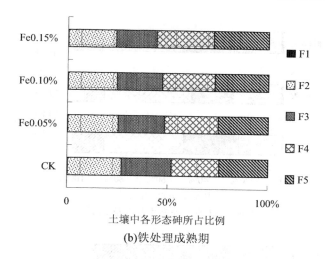

(b)铁处理成熟期

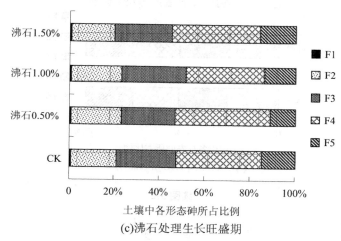

(c)沸石处理生长旺盛期

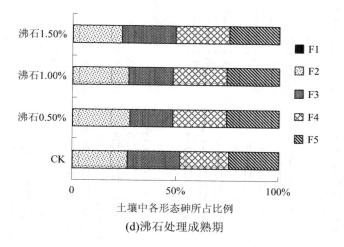

(d)沸石处理成熟期

续图 3-2

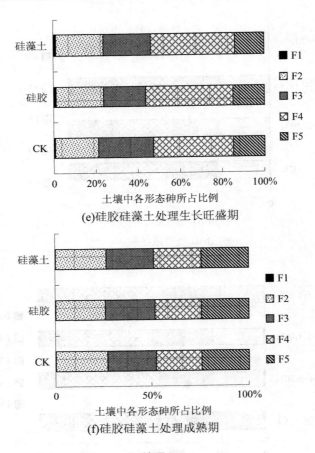

(e)硅胶硅藻土处理生长旺盛期

(f)硅胶硅藻土处理成熟期

续图 3-2

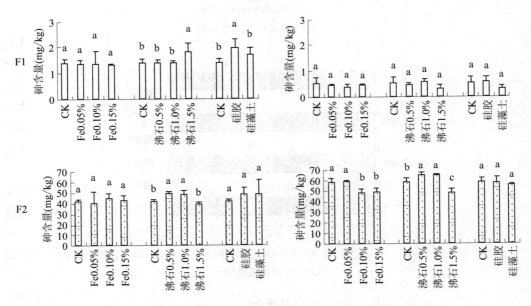

图 3-3　不同钝化剂对三七根际土壤中不同形态砷含量的影响

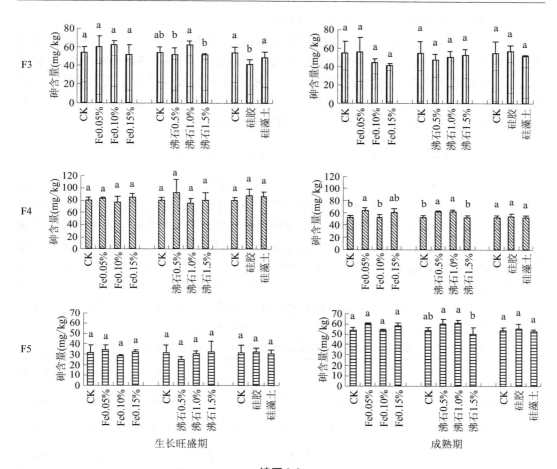

生长旺盛期　　　　　　　　　　　　成熟期

续图 3-3

　　在成熟期,三七根际土壤中专性吸附态砷、无定形和弱结晶铁锰或铁铝水化氧化物结合态砷、结晶铁锰或铁铝水化氧化物结合态砷、残渣态砷的含量差别不大,在不同的处理下分布规律略有不同,并且非专性吸附态砷的比例最低。对照组中,非专性吸附态砷、专性吸附态砷、无定形和弱结晶铁锰或铁铝水化氧化物结合态砷、结晶铁锰或铁铝水化氧化物结合态砷、残渣态砷含量分别为 0.52 mg/kg、58.38 mg/kg、55.25 mg/kg、51.84 mg/kg、53.12 mg/kg。零价铁处理下,非专性吸附态砷、专性吸附态砷、无定形和弱结晶铁锰或铁铝水化氧化物结合态砷所占比例分别降低了 13.78%~21.66%、7.04%~11.73%、6.34%~19.25%,而结晶铁锰或铁铝水化氧化物结合态砷、残渣态砷分别增加了 8.27%~19.41%、3.35%~13.87%,其中在 0.15% 处理时专性吸附态砷显著性降低11.73%,残渣态砷比例增加最多。在沸石处理下,非专性吸附态砷降低了 4.11%~36.74%,残渣态砷增加了 0.99%~5.59%,其中在 0.5% 的沸石处理下,专性吸附态砷比对照组显著增加 3.46%,结晶铁锰或铁铝水化氧化物结合态砷比对照组显著性增加了9.94%。硅胶处理使专性吸附态砷降低,其余四态均增加;硅藻土的处理使非专性吸附态砷、专性吸附态砷、无定形和弱结晶铁锰或铁铝水化氧化物结合态砷降低,结晶铁锰或铁铝水化氧化物结合态砷、残渣态砷含量增加。

对比两个时期可以看出,随着处理时间的增长,三七根际土壤中非专性吸附态砷的比例降低63.82%～82.68%,专性吸附态砷的比例增加12.18%～34.96%,无定形和弱结晶铁锰或铁铝水化氧化物结合态砷变化不一致,结晶铁锰或铁铝水化氧化物结合态砷降低了25.38%～42.48%,但残渣态砷比例大幅增加了55.27%～123.24%。随着处理时间的增长,土壤中移动性较强的砷形态向移动性弱的形态转化。

3.3.5　三七各部位砷含量与土壤各形态砷含量的相关性

表3-7指在四种不同的钝化剂的处理下,生长旺盛期时三七根、茎、叶各部位砷含量与根际土壤中各形态砷含量的相关性分析结果。在零价铁处理下,三七根、茎、叶各部分砷含量与土壤中F1、F2、F3、F4、F5以及前四种形态砷含量之和均没有显著相关性。在沸石处理下,三七的茎与叶中的砷含量呈显著正相关性,但三七根、茎、叶中砷含量与土壤中各形态砷含量没有显著相关性。在硅胶处理下,三七茎中砷含量与土壤中残渣态砷含量呈显著负相关性,而叶中砷含量与土壤中非专性吸附态砷含量呈显著正相关性。硅藻土处理下,三七根中砷含量与土壤中非专性吸附态砷含量呈极显著负相关性,与土壤中结晶铁锰或铁铝水化氧化物结合态砷含量也呈显著负相关性。

表3-7　生长旺盛期三七各部位砷含量与土壤各形态砷含量的相关性分析结果

处理		根	茎	叶	F1	F2	F3	F4	F5	前四态之和
零价铁[a]	根	1	0.482	-0.449	-0.355	-0.012	-0.153	0.447	-0.129	0.088
	茎		1	-0.269	-0.040	-0.539	-0.209	0.013	0.113	-0.336
	叶			1	-0.452	-0.021	-0.079	-0.044	-0.074	-0.082
沸石[a]	根	1	0.275	0.515	-0.107	-0.479	-0.084	-0.108	0.665	-0.082
	茎		1	0.728*	-0.469	0.394	0.292	0.303	-0.020	0.488
	叶			1	-0.346	0.133	-0.315	0.491	0.166	0.341
硅胶[b]	根	1	-0.010	0.955	0.946	-0.894	0.977	-0.135	0.043	-0.175
	茎		1	0.287	0.314	-0.440	-0.223	-0.989	-0.999*	-0.983
	叶			1	1*	-0.987	0.870	-0.423	-0.255	-0.459
硅藻土[b]	根	1	0.007	-0.580	-1**	-0.987	-0.704	-0.998*	-0.930	-0.976
	茎		1	0.811	-0.016	-0.165	-0.715	0.053	0.362	-0.224
	叶			1	0.572	0.443	-0.170	0.628	0.839	0.389

注:*表示具有显著相关性($P<0.05$),**表示具有极显著相关性($P<0.01$),下同;a表示自由度为9,下同;b表示自由度为3,下同。

表3-8是成熟期时在各添加剂处理下,三七根、茎、叶中砷含量与土壤各形态砷含量

之间的相关性分析结果。在零价铁处理下,三七根、茎、叶之间以及与土壤各形态砷含量之间均没有显著相关性。在沸石处理下,三七根与茎中的砷含量呈极显著正相关性,与叶中砷含量呈显著正相关性,根中砷含量与土壤中前四态砷总量呈显著正相关性,但与单独的各形态砷含量没有显著相关性;三七叶中砷含量与土壤中结晶铁锰或铁铝水化氧化物结合态砷以及前四态砷含量都呈显著正相关性。在硅胶处理下,三七叶中砷含量与结晶铁锰或铁铝水化氧化物结合态砷呈显著正相关性,而根、茎中砷含量与土壤各形态砷含量之间均无显著相关性。在硅藻土处理下,三七根、茎中砷含量分别和土壤中前四态砷含量之和呈显著正相关。

表 3-8　成熟期三七各部位砷含量与土壤各形态砷含量的相关性分析结果

处理		根	茎	叶	F1	F2	F3	F4	F5	前四态之和
零价铁[a]	根	1	0.112	0.309	0.387	0.362	0.266	−0.062	−0.048	0.245
	茎		1	0.006	−0.019	−0.359	−0.205	−0.332	−0.598	−0.372
	叶			1	−0.538	0.389	0.477	−0.320	−0.323	0.260
沸石[a]	根	1	0.904 ＊＊	0.692 ＊	0.342	0.633	−0.027	0.619	0.432	0.673 ＊
	茎		1	0.634	0.187	0.328	0.031	0.386	0.096	0.396
	叶			1	0.590	0.609	−0.050	0.685 ＊	0.292	0.696 ＊
硅胶[b]	根	1	−0.215	0.832	−0.551	0.978	0.716	0.813	−0.871	0.982
	茎		1	0.363	−0.696	−0.413	−0.836	0.395	0.666	−0.395
	叶			1	−0.922	0.698	0.208	0.999 ＊	−0.452	0.443
硅藻土[b]	根	1	0.991	−0.966	0.756	−0.620	0.756	0.996	−0.382	0.998 ＊
	茎		1	−0.922	0.838	−0.721	0.839	0.974	−0.505	0.997 ＊
	叶			1	−0.561	0.396	−0.561	−0.986	0.130	−0.949

3.4　讨　论

3.4.1　零价铁对三七砷富集的影响

本章研究结果显示无论是在生长旺盛期还是在成熟期,零价铁均显著降低了三七根部砷含量,且成熟期时三七根中砷含量比生长旺盛期更低。从富集系数也可以看出,零价铁处理使三七根部对砷的富集能力显著降低。研究结果进一步验证了前人的结论。一直以来,含铁材料都是被用作砷污染土壤修复的一种良好的添加剂,在不同砷污染土壤上都有广泛的研究和应用。阎秀兰(2013)曾使用零价铁来处理高砷污染土壤,结果发现零价铁使生长旺盛期的三七根部砷含量显著降低49% ~63%,并且在0.25%添加量下效果最好。张敏(2009)的研究表明,在砷污染土壤中添加铁矿粉,可使小麦体内的砷含量比对照组显著降低41%。Shingo Matsumoto(2015)分别使用三种含铁材料处理砷污染土壤,结果添加铁粉的处理使日本水稻中含砷量最低。Eric M. Farrow 等(2015)使用氧化铁处理砷污染土壤,显著降低了 Zhe 733 和 Cocodrie 两种水稻籽粒中的砷含量。

本章中,在零价铁处理下,在三七的两个生长时期,土壤中非专性吸附态砷和专性吸附态砷都比对照组降低,而残渣态砷有所提高。零价铁粉末比表面积大,其颗粒表面具有很高的反应活性,因而具有非常优越的吸附性能和较高的还原反应活性。零价铁施入土壤后,会被氧化生成铁氧化物,而铁氧化物表面的 $-OH$ 可以和土壤溶液中的 AsO_4^{3-} 进行配位螯合,生成配位多面体,吸附在铁氧化物表面,从而将土壤溶液中的砷固定住。另外,铁在进行氧化还原反应生成铁氧化物的过程中会和 As 共沉淀形成 $FeAsO_4 \cdot H_2O$、$FeAsO_4 \cdot 2H_2O$ 或 $Fe_3(AsO_4)_2$ 等一系列溶解度小的砷铁矿物,从而降低砷的有效性。因此,零价铁对土壤中砷在可移动相与固定相之间的分配过程中具有很强的调控作用。何菁等(2014)用纳米铁分别处理不同的砷污染土壤,经过两个多月的培养后,两种砷污染的红壤中有效砷含量分别降低了 10.50%、11.43%,同时土壤 pH 也分别降低了 0.18、0.23个单位。张美一等(2009)发现,当 Fe/As 摩尔比例为 100∶1时,纳米零价铁颗粒使果园砂质土壤中的砷的生物活性降低了 56.70%,表明纳米铁颗粒在固化土壤砷中的良好效果。胡立琼(2014)在对砷污染的水稻土上使用零价铁处理,使得土壤中的毒性浸出砷和易溶态砷显著降低,土壤中的砷得到了有效的固定。

三七根中砷含量的显著降低可能与土壤中有效态砷含量的降低、残渣态砷含量的升高有密切关系。三七根、茎、叶各部位砷含量与土壤各形态砷含量之间的显著性分析结果显示两者之间没有显著相关性。但是在成熟期时,三七根中砷含量与非专性吸附态砷、专性吸附态砷、弱结晶铁锰或铁铝水化氧化物结合态砷之间呈较弱的正相关趋势,与结晶铁锰或铁铝水化氧化物结合态砷、残渣态砷呈负相关的趋势。非专性吸附态、专性吸附态、弱结晶铁锰氧化物结合态这三种形态的砷受土壤环境因子的影响很大,迁移性较高,而结晶铁锰或铁铝水化氧化物结合态砷、残渣态砷是稳定性较高的砷。多数研究表明,土壤中砷的有效性的降低主要是由于易溶态砷向难溶态或者残渣态转化。此外,在成熟期,铁处理使得三七根际土壤 pH 显著下降,这也有利于带负电荷的 AsO_4^{3-} 吸附在土壤胶体表面。铁粉在土壤中的氧化反应不似铁盐那样迅速,但是其含铁量非常高,适宜于在土壤中发挥长效作用。本章中,成熟期三七根中的砷含量就比生长旺盛期的含量更低,这一方面是铁在土壤中对砷的固化作用随着时间增加而加强,另一方面随着三七根部生物量的累积,对砷含量也起到一定的稀释作用。

3.4.2 沸石对三七砷富集的影响

天然沸石是一种具有纳米介孔结构的物质,其主要成分是含有水的钠、钾、钡、钙铝硅酸盐,因而具有超强的吸附性能。目前,沸石在水体、土壤的重金属污染治理方面已有大量应用。唐芳(2010)的研究表明,沸石适用于处理低浓度砷污染的水体,并且 pH 是影响沸石对砷吸附的一个重要因素。李明遥(2014)、王秀丽(2015)等的研究均揭示了沸石在降低污染土壤中镉的有效性方面的良好作用,土壤交换态镉的含量得到了显著降低,残渣态镉含量显著升高。阎秀兰(2013)发现 1% 的沸石可以最大限度地降低三七根中的砷含量,并且沸石促进了非专性吸附态砷、弱结晶铁锰或铁铝水化氧化物结合态砷、结晶铁锰或铁铝水化氧化物结合态砷向专性吸附态砷的转化。这和作者研究结果相一致,沸石处理下,在两个生长期三七根中砷含量都显著降低,并且成熟期 0.5% 处理下,土壤中专性吸附态显著增加,结晶铁锰氧化物结合态也比对照组升高,表明沸石对土壤溶液中的有效态砷进行了有效的吸附。李季(2015)发现培养时间不同,沸石对土壤中砷的形态变化影响不同,当培养 30 天时,酸可提取砷含量显著降低,残渣态没有显著变化,而培养 60 天后,酸可提取砷含量没有显著变化,残渣态却显著提高。另外,本章的研究发现,沸石对土壤 pH 也有一定的影响,在生长旺盛期 1% 的沸石使 pH 显著下降,而在成熟期却没有显著性变化。在成熟期三七根中砷含量与土壤中除残渣态外的四种形态砷含量之和呈显著正相关性。除残渣态外,其余四种形态的砷都具有一定的可迁移性,这表明土壤中可迁移性砷含量的降低是三七根中砷含量降低的主要原因。

3.4.3　硅胶及硅藻土对三七砷富集的影响

硅胶、硅藻土是两种含硅的具有良好吸附性能的物质,常用作吸附剂。本章的研究结果表明,硅胶和硅藻土在降低砷污染土壤中三七根中砷富集方面具有良好的效果,在 2% 添加量的硅胶、硅藻土作用下,生长旺盛期及成熟期三七根中砷含量均比对照组显著降低,且成熟期时三七根中砷含量低于 2 mg/kg,达到了中药材砷含量安全限制的要求,但是两种钝化剂之间的作用没有显著性差异。成熟期时,硅胶、硅藻土均使土壤中非专性吸附态砷或专性吸附态砷含量降低,残渣态砷含量上升,降低了土壤中砷的有效性。此外,相关性分析发现成熟期时,硅藻土处理下,三七根中砷含量与土壤中前四态砷含量之和呈显著正相关性。三七根中砷含量降低,一方面与土壤中有效态砷含量降低紧密相关;另一方面,硅胶和硅藻土均会释放出硅,而硅与 As(Ⅲ)在进入植物体内的通道上具有一定的竞争性,土壤溶液中硅的增加有利于抑制三七对砷的吸收。Angelia L. Seyfferth(2012)发现虽然硅胶提高了土壤溶液中的砷,硅胶和硅藻土均可以降低水稻籽粒中砷的含量,这证明了硅和 As(Ⅲ)的拮抗作用。Shingo Matsumoto(2015)用硅酸钙滤渣处理砷污染的水稻土,结果发现水稻籽粒和稻壳中砷的含量并没有显著性变化,作者认为应当提高含硅材料的施加量才能对降低水稻中砷含量发挥更好的作用。本章中对硅胶、硅藻土只设置了一个浓度,在成熟期对降低三七根中砷含量也达到了良好的效果,后续还应再设置不同的浓度来探讨最佳的添加剂量以及所能达到的最佳效果。

3.5　本章小结

(1)零价铁、沸石、硅胶、硅藻土在生长旺盛期和成熟期均显著降低了三七根部砷含量,成熟期三七根中砷含量均低于生长旺盛期,且成熟期时三七根中砷含量随零价铁、沸石添加剂量的增加而降低,四种添加剂中 2% 的硅胶使三七根中砷含量达到最低(显著降低 84.5%），其次为 1.5% 的沸石（显著降低 84.31%）、2% 的硅藻土（显著降低 84.28%）、0.15% 的零价铁（显著降低 80.52%），均使根中砷含量低于药材中砷的安全限量标准（2 mg/kg）。

（2）两个生长时期下，四种钝化剂均显著降低了三七根部的砷富集能力。生长旺盛期，零价铁、硅胶、硅藻土使三七叶中砷富集能力显著增加；硅胶、硅藻土使砷从根到叶的转移能力显著增加。成熟期，0.15% 的零价铁显著提高了砷从根到茎、叶的转运能力；1.5% 的沸石和 2% 的硅胶显著增加了砷由根到叶的转运能力。

（3）成熟期，零价铁显著降低了根际土壤中的 pH；生长旺盛期，1% 的沸石显著降低了土壤 pH；整体上，这四种钝化剂使土壤 pH 的变化幅度不大。

（4）成熟期土壤中残渣态砷比生长旺盛期含量高，且成熟期时四种钝化剂均降低了土壤中非专性吸附态砷或专性吸附态砷的含量，增加了残渣态砷的含量，促进了土壤中的砷由有效态向固定态转化。成熟期时，沸石及硅藻土处理下，三七根中砷含量与土壤中非专性吸附态砷、专性吸附态砷、无定形和弱结晶铁锰或铁铝水化氧化物结合态砷、结晶铁锰或铁铝水化氧化物结合态砷含量之和呈显著正相关性，说明其与土壤中有效态砷含量呈显著正相关性。

（5）相比之下，沸石和硅藻土的价格比较低，而硅胶和零价铁粉价格较高，从经济效应上来看，使用沸石添加剂既能达到良好的降砷作用，成本又不高，比较适用。

第 4 章　不同钝化剂对砷胁迫下三七生长及抗氧化酶活性的影响

　　砷是植物的非必需元素,高浓度砷会导致植物体内产生大量的活性氧(ROS)而对植物产生氧化胁迫,破坏植物的细胞膜脂系统、影响植物生长、影响光合作用甚至导致植物死亡。细胞膜脂过氧化产物丙二醛(MDA)的含量是常用来反映外界胁迫对植物细胞膜伤害程度的一个重要指标。植物在长期的适应环境过程中产生了一套应对氧化胁迫的机能,最主要的就是抗氧化系统酶如超氧化物歧化酶(SOD)、过氧化物酶(POD)等的响应。一般情况下,低浓度的砷胁迫会刺激 SOD、POD 酶活性升高,以清除细胞中的活性自由基,缓解氧化胁迫;但高浓度的砷胁迫一旦超过酶的承受范围,也会导致酶活性降低。钝化剂的处理会改变土壤中砷的有效性,进而影响砷对植物的毒性,因此本章主要从三七生长状态的变化、三七叶片抗氧化系统酶活性的变化两方面来研究不同种类、不同剂量的钝化剂的处理对缓解砷对三七毒性胁迫方面的影响。

4.1　试验设计

　　本章试验设计同 3.1.1 的设计方案。

4.2　样品采集及处理

　　在三七生长旺盛期 2015 年 6 月及成熟期 2015 年 10 月,分别对三七的生长状况进行观测,分组拍照,对比生长状况,同时进行形态学指标的测定。并且在生长旺盛期,采集三七的叶片,用于测定膜脂过氧化产物 MDA 的含量以及抗氧化系统酶活性。每个处理做四个平行,样品采集后立即放入液氮中保存。

4.3　各指标测定方法

4.3.1　主要试剂和仪器

　　试验所用主要试剂如表 4-1 所示,所用试剂均直接使用,未进行进一步纯化。试验所用主要仪器如表 4-2 所示。

表 4-1　试验所用主要试剂

名称	规格	来源
十二水合磷酸氢二钠	分析纯	阿拉丁
二水合磷酸二氢钠	分析纯	阿拉丁
甲硫氨酸	99%	北京蓝弋化工公司
乙二胺四乙酸二钠	分析纯	广东省化学试剂工程技术研究开发中心
核黄素	生化试剂	北京奥博星生物技术有限责任公司
氮蓝四唑	分析纯	北京蓝弋化工公司
聚乙烯吡咯烷酮	分析纯	天津市津科精细化工研究所
过氧化氢	分析纯	北京化工厂
硫代巴比妥酸	分析纯	北京奥博星生物技术有限责任公司
三氯乙酸	分析纯	天津市大茂化学试剂厂
愈创木酚	分析纯	天津市津科精细化工研究所
纯净水	——	杭州娃哈哈集团有限公司

表 4-2　试验所用主要仪器

名称	型号	来源
移液枪	BRAND	德国
电子天平	JJ1000Y	常熟市双杰测试仪器厂
台式高速冷冻离心机	Eppendorf 5427R	德国
紫外分光光度计	UV-2450	日本岛津
光照培养箱	DP-GXZ-800	北京亚欧德鹏科技有限公司
恒温水浴锅	DZKW-4	北京中兴伟业仪器有限公司

4.3.2　三七形态学指标测定

三七株高、叶面积、总叶数、叶绿素相对含量 SPAD 值的测定方法同 2.3.1。

4.3.3　叶片膜脂过氧化产物(MDA)的测定方法

MDA 的测定参照 Hodges(1999)的方法。准确称取 0.5 g 叶片鲜样,加入 4 mL 10% 的三氯乙酸(TCA),在研钵中加入液氮研磨,磨成匀浆后,转移到 5 mL 的离心管,4 000 g 离心 10 min,吸取 2 mL 上清液于 15 mL 离心管中(对照管中替换为 2 mL 的水),然后加 入 2 mL 0.65%的硫代巴比妥酸(TBA) 溶液(用 10%的 TCA 溶液溶解),混合均匀后放入沸水浴上反应 25 min。反应完后放在冰上迅速冷却,离心,收集上层清液。使用紫外—可见分光光度计,分别测定上清液在 450 nm、532 nm 和 600 nm 波长下的吸光度。

MDA 含量的计算公式如下:

$$\text{MDA 浓度(μmol/L)} = 6.45 \times (OD_{532} - OD_{600}) - 0.56 \times OD_{450}$$

MDA 含量(μmol/g)= MDA 浓度(μmol/L)×提取液体积(mL)/植物组织鲜重(g)

其中,OD_{532}、OD_{600}、OD_{450} 分别为反应溶液在 532 nm、600 nm、450 nm 波长下的吸光度。

4.3.4 SOD、POD 酶活性的测定方法

4.3.4.1 酶液的提取

准确称取 0.2 g 三七鲜叶,放入研钵中,加入 1.6 mL 预冷的 pH 为 7.8 的 0.05 mol/L PBS(包含 1%PVP)提取液,加入液氮开始研磨,研磨成匀浆,然后转移到 5 mL 的离心管中,4 ℃ 下 10 000 rpm 离心 20 min,上清液即待测酶液。

4.3.4.2 SOD 酶活性测定

SOD 酶活性的测定参照 Giannopotitis 和 Ries(1977)的方法,采用氮蓝四唑(NBT)光化学还原法。首先配制反应溶液,反应体系主要包含 2.7 mL 14.5 mmol/L 的 Met(甲硫氨酸)、0.1 mL 30 μmol/L 的 EDTA-Na$_2$、0.9 mL 50 mmol/L 的 PBS 缓冲液(pH = 7.8)、1 mL 2.25 mmol/L 的 NBT 溶液、1 mL 60 μmol/L 的核黄素溶液。将 30 μL 酶液加入反应体系中,放入 4 000 lux 光照下进行反应,待试管中溶液变为蓝色即可避光停止反应。同时做两个对照,两个试管都将酶液替换成等量的 PBS 缓冲液,其中一个避光放入暗处,用于调零,另一个和样品管一起放入光照下,作为最大光还原管。反应结束后,用紫外—可见分光光度计测定样品体系在波长 560 nm 处的吸光度。SOD 活性单位以抑制 NBT 光化还原 50%所需酶量为一个酶活单位(U)。

计算公式如下:

$$\text{SOD 总活性} = [(A_{CK} - A_E) \times V] / (1/2 A_{CK} \times W \times V_s)$$

其中,SOD 的单位为每克鲜重的酶活性(U/g FW);A_{CK} 为接受光照的对照管的吸光度;A_E 为样品管的吸光度;V 为提取的酶液的总体积(mL);W 为样品的鲜重(g);V_s 为参加反应的酶液的体积(mL)。

4.3.4.3 POD 酶活性测定

POD 酶活性的测定参照 Pütter(1974)的方法,采用愈创木酚法进行测定。首先配制反应溶液体系,主要包括 2.98 mL pH 为 6.0 的 0.2 mol/L 的 PBS 缓冲液、0.01 mL 愈创木酚溶液、0.01 mL 30%的双氧水。吸取 30 μL 酶液加入反应体系进行反应,同时以加入 30 μL PBS 溶液的体系为对照组。用紫外—可见分光光度计测定 470 nm 波长下该体系吸光度的变化,测定 3 min。以每分钟吸光度降低 0.01 为 1 个酶活性单位(U)。

计算公式如下:

$$\text{POD 酶活性} = (\Delta A470 \times V) / (W \times V_s \times 0.01 \times t)$$

其中,POD 酶活性的单位是 U/g·min;ΔA 为在反应时间内反应系统吸光度的变化量;V 为提取出来的酶液的总体积(mL);V_s 为参加反应的酶液的体积(mL);W 为样品鲜重(g);t 为反应时间(min)。

4.3.5 数据统计分析

本书中的数据均使用 Microsoft Excel 2010 计算平均值,以及标准偏差,表格中的数据均以均值±标准偏差表示。此外,使用 SPSS 17.0 软件对各组数据进行单因素方差分析(ANOVA),并用 LSD 进行多重比较,检测各处理与对照组是否有显著性差异,$P<0.05$。

4.4 结果与分析

4.4.1 不同钝化剂对三七生长的影响

4.4.1.1 不同钝化剂对三七生长状态的影响

图 4-1 及表 4-3、表 4-4 分别从三七的总体生长状态和三七的株高、总叶数、叶面积、叶绿素相对含量等形态学指标这两大方面评判四种不同的钝化剂对三七生长的影响。从图 4-1 可以看出,在 6 月生长旺盛期,不同钝化剂处理下,从整体上来看三七的生长状态与对照组之间没有明显的差异,各种处理以及各剂量处理下的三七的外观上也没有显著性差异。在 10 月三七成熟期,对照组的三七出现叶尖边缘发黄的现象,而不同剂量铁处理下的三七的叶片依然保持鲜艳的绿色,看起来比对照组健壮;在沸石处理下的三七,在 0.5%、1.0% 处理下也出现了叶尖发黄的现象,但没有对照组严重;在硅胶处理下,三七生长得比较矮小瘦弱,在硅藻土处理下,三七的叶尖也出现发黄的现象,但没有对照组明显。整体来看,铁处理下的三七生长状态最好,其次是沸石处理的三七,硅胶处理的三七生长的最差。

(a)铁处理生长旺盛期

(b)铁处理成熟期

(c)沸石处理生长旺盛期

(d)沸石处理成熟期

(e)硅胶、硅藻土处理生长旺盛期

(f)硅胶、硅藻土处理成熟期

图 4-1 不同钝化剂对三七生长状况的影响

表 4-3　不同钝化剂对生长旺盛期三七各形态学指标的影响($n=5$)

处理	剂量（mg/kg）	株高（cm）	总叶数（片/株）	叶面积（cm²）	叶绿素相对含量SPAD 值
铁粉	0	22.26±2.68 a	14.6±3.21 a	23.87±6.04 a	47.08±2.86 a
	0.05%	21.46±1.34 a	14.8±2.77 a	26.12±4.59 a	41.16±2.81 b
	0.10%	21.32±2.13 a	15.2±3.90 a	28.84±4.83 a	41.20±3.16 b
	0.15%	21.56±1.22 a	15.4±5.50 a	30.36±9.71 a	42.58±3.58 b
沸石	0	22.26±2.68 a	14.6±3.21 ab	23.87±6.04 a	47.08±2.86 b
	0.50%	20.64±1.14 a	11.4±2.19 ab	30.08±8.61 a	39.55±4.04 c
	1.00%	20.60±3.47 a	15.2±3.56 a	28.25±3.93 a	43.89±7.62 bc
	1.50%	21.96±4.37 a	11.2±2.17 b	29.40±5.76 a	50.32±1.94 a
硅胶硅藻土	0	22.26±2.68 a	14.6±3.21 a	23.87±6.04 a	47.08±2.86 a
	2.00%	22.73±2.68 a	15.0±4.64 a	29.64±4.88 a	39.31±2.66 b
	2.00%	24.35±3.72 a	12.4±3.91 a	31.46±5.97 a	46.00±5.53 a

表 4-4　不同钝化剂对成熟期三七各形态学指标的影响($n=5$)

处理	剂量（mg/kg）	株高（cm）	总叶数（片/株）	叶面积（cm²）	叶绿素相对含量SPAD 值
铁粉	0	25.10±3.65 a	11.6±2.88 a	25.25±2.39 a	54.71±4.03 a
	0.05%	23.10±1.78 a	14.2±5.85 a	25.15±7.21 a	57.53±1.79 a
	0.10%	24.00±3.77 a	15.8±1.79 a	24.75±5.97 a	56.85±5.21 a
	0.15%	22.10±1.59 a	12.6±3.71 a	27.91±5.78 a	56.60±3.53 a
沸石	0	25.10±3.65 a	11.6±2.88 a	25.25±2.39 a	54.71±4.03 a
	0.50%	21.28±1.68 b	11.2±1.64 a	32.83±6.21 a	59.73±1.65 b
	1.00%	22.38±2.06 ab	12.0±4.58 a	27.77±3.60 a	59.31±2.58 b
	1.50%	23.04±1.24 a	10.8±3.42 a	32.20±11.53 a	58.19±2.49 ab
硅胶硅藻土	0	25.10±3.65 a	11.6±2.88 a	25.25±2.39 a	54.71±4.03 a
	2.00%	26.14±4.98 a	11.8±3.50 a	33.51±14.82 a	57.18±4.81 a
	2.00%	22.40±1.95 a	15.5±4.04 a	20.92±6.34 a	55.03±1.63 a

表 4-3 反映了生长旺盛期不同钝化剂对三七各形态学指标的影响,从表中可以看出,在零价铁处理下,生长旺盛期的三七株高比对照组下降 3.28% ~ 4.38%,与对照组没有显著性差异,在添加量为 0.15% 时下降最少,为 21.56 cm;总叶数随着铁添加量的增加而增加 1.37% ~ 5.48%,在最大添加剂量 0.15% 时总叶数最多,为 15.4 片;叶面积也随添加剂剂量的增加而增加 9.41% ~ 27.18%,且在 0.15% 添加量时最大,为 30.56 cm²,与对照组没

有显著性差异;叶绿素相对含量 SPAD 值随零价铁的添加而显著降低,下降了 9.55%~12.56%,在最低添加量 0.05% 时 SPAD 值最低,为 41.16。在沸石处理下,三七的株高比对照组下降了 1.46%~8.04%,且在最大剂量 1.50% 处理下株高最高,为 21.96 cm,但各处理之间差异不显著;总叶数在 1% 添加量时增加 4.11%,但在 1.50% 处理时最低,下降23.29%,但与对照组差异不显著;叶面积随着沸石的添加而增大,比对照组增加了18.33%~25.98%,在 0.50% 处理时达到最大值 30.08 cm²;叶绿素相对含量随着沸石的添加而增大,在 1.50% 处理时达到最大值 50.32,比对照组显著增加 6.90%。三七的株高在硅胶、硅藻土处理下分别增加了 2.09%、9.20%,但这两者的处理之间以及与对照组之间没有显著性差异;总叶数在硅胶处理下增加 2.74%,在硅藻土处理下降低 15.07%;而叶面积在两者的处理下都有所增加;叶绿素相对含量在两种处理下均有所下降,但在硅藻土处理下叶绿素含量要比硅胶处理高。

表 4-4 反映了成熟期不同钝化剂对三七各形态学指标的影响。在零价铁处理下,三七株高比对照组下降 4.38%~11.95%,与对照组没有显著性差异,在添加量为 0.10% 时下降最少,为 24 cm,在最高剂量 0.15% 处理下株高最低,为 22.10 cm;总叶数在零价铁的添加下而增加 8.62%~36.21%,在 0.10% 添加量下叶片数最多为 15.8 片;叶面积也随添加剂量的增加而增大,且在 0.15% 处理下达到最大 27.91 cm²,比对照组增加 10.52%;叶绿素相对含量也在零价铁的处理下而增加 3.46%~5.16%,但是零价铁对三七这四个指标的影响都没显著性差异。在沸石处理下,三七的株高比对照组下降了 8.21%~15.22%,但随沸石剂量的增加而增大,其中在 0.50% 添加量时,显著降低到 21.28 cm;总叶数在添加量为 1.00% 时达到最大,比对照组升高 3.45%;叶面积也随添加量的增加而增大 9.98%~30.02%,最大值在 0.50% 处理时;叶绿素相对含量增加了 6.36%~9.19%,且在 0.50% 处理时最大,并且有显著性增加。三七的株高在硅胶处理下增加了 4.14%,但在硅藻土的处理下下降了10.76%,但这两者的处理之间没有显著性差异;总叶数在两者的处理下分别增加了1.29%、33.62%;叶面积在硅胶处理下增加了 32.71%,而在硅藻土处理下降低了 17.14%;叶绿素相对含量在两者处理下分别增加了 4.52%、0.60%。

4.4.1.2　不同钝化剂对不同时期三七生物量的影响

不同钝化剂对生长旺盛期和成熟期三七的根、茎、叶各部位的干重的影响如表 4-5 所示。

对比两个时期三七的生物量可以看出,经过 4 个多月的生长,成熟期三七的根部干重比生长旺盛期大幅增加,而三七茎部干重略微增加,变化不明显,三七叶干重也有小幅度的增加,生长后期主要是根部在积累生物量,增加幅度最大的是在 2% 的硅胶处理下,增加了 317.98%。在成熟期,三七根部干重增加量的顺序是硅胶 > 沸石 > 硅藻土 > 零价铁。在零价铁处理下,生长旺盛期三七根的干重随剂量的增加而先增后降,而成熟期时却是随剂量的增加而增大,在 0.15% 处理时比对照组增加 21.02%;茎的干重也随添加剂的添加而增加,但生长旺盛期是在 0.10% 处理时达到最大为 0.31 g,而在成熟期时是在0.15% 处理下比对照组增加 12.26%;叶的干重在生长旺盛期随剂量增加而减小,在 0.50%处理时最高为 0.56 g,而在成熟期时是随剂量的增加而增大,在 0.15% 处理下,显著性增加至 0.91 g。在沸石的处理下,三七根部干重在生长旺盛期和成熟期均随添加剂量的增加而增大,分别在 1.00% 和 1.50% 处理下达到最大,比对照组分别增加 9.31%、53.59%;茎的干重在生长旺盛期随剂量的增加而减小,在 0.50% 处理时达到最大值 0.32 g,而成熟期时,茎的干重在 1.50% 处理下最大为 0.43 g;叶的干重也随沸石剂量的增加而增大,其中生长旺盛期的最大值在 1.00% 处理下,增加 4.55%,成熟期时最大值在1.50% 处理下,增加了 42.57%,但是沸石处理下,三七各部位干重的变化与对照组之间均没有显著性差异。添加硅胶和硅藻土使生长旺盛期三七的根、茎、叶的干重都有所降低,而在成熟期,三七的根、茎、叶的干重都有所增加(除了硅藻土处理下的叶干重),且硅胶处理下的三七根的干重增加最多,但与对照组相比差异不显著。

表 4-5　四种土壤添加剂对三七生物量的影响(干重,g)(n=4)

处理	剂量 (mg/kg)	生长旺盛期			成熟期		
		根	茎	叶	根	茎	叶
零价铁	0	0.97±0.21 ab	0.30±0.06 a	0.55±0.10 a	2.38±0.25 a	0.33±0.06 a	0.74±0.09 b
	0.05%	1.14±0.08 a	0.30±0.04 a	0.56±0.06 a	2.40±0.17 a	0.28±0.04 a	0.66±0.08 b
	0.10%	0.94±0.14 ab	0.31±0.05 a	0.53±0.09 a	2.44±0.20 a	0.35±0.08 a	0.80±0.10 ab
	0.15%	0.85±0.08 b	0.25±0.05 a	0.49±0.09 a	2.88±0.55 a	0.37±0.03 a	0.91±0.13 a
沸石	0	0.97±0.21 a	0.30±0.06 a	0.55±0.10 a	2.38±0.25 a	0.33±0.06 a	0.74±0.09 a
	0.50%	0.99±0.20 a	0.32±0.06 a	0.55±0.10 a	2.58±0.30 a	0.34±0.05 a	0.76±0.12 a
	1.00%	1.06±0.20 a	0.30±0.05 a	0.58±0.11 a	3.02±0.65 a	0.33±0.06 a	0.83±0.19 a
	1.50%	1.01±0.09 a	0.26±0.04 a	0.51±0.03 a	3.65±1.32 a	0.43±0.14 a	1.06±0.35 a
硅胶 硅藻土	0	0.97±0.21 a	0.30±0.06 a	0.55±0.10 a	2.38±0.25 a	0.33±0.06 a	0.74±0.09 a
	2.00%	0.89±0.23 a	0.28±0.08 a	0.47±0.14 a	3.72±1.52 a	0.38±0.11 a	0.92±0.41 a
	2.00%	0.83±0.24 a	0.23±0.04 a	0.39±0.08 a	3.22±0.82 a	0.35±0.04 a	0.72±0.33 a

4.4.2　不同钝化剂对三七叶中膜脂过氧化产物 MDA 含量的影响

MDA 含量是反映植物膜脂过氧化程度的一个重要指标。不同剂量的不同钝化剂对生长旺盛期三七叶片中 MDA 含量的影响如图 4-2 所示。

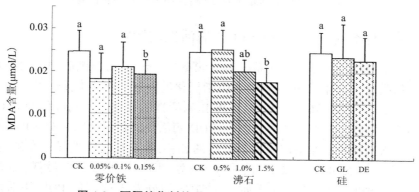

图 4-2　不同钝化剂处理下三七叶片 MDA 含量变化

(GL:硅胶处理;DE:硅藻土处理,n=4,下同)

从图 4-2 可以看出,经过不同钝化剂的处理,三七叶片中 MDA 含量均有不同程度的降低。在零价铁处理下,MDA 含量降低了 14.36%~25.87%,在 0.15% 处理时,比对照组显著降低了 20.87%。在沸石处理下,MDA 含量先增加后降低,在 0.5% 处理时比对照组增加了 2.36%,在 1.5% 处理时比对照组显著降低了 27.52%。在 2% 的硅胶、2% 的硅藻土处理下,三七叶片中的 MDA 含量也分别降低了 4.26%、7.25%,但是与对照组没有显著性差异。整体来看,1.5% 的沸石处理使三七叶片中 MDA 含量下降幅度最大。

4.4.3　不同钝化剂对三七叶片中 SOD 酶活性的影响

超氧化物歧化酶(SOD)是抗氧化系统中的一种重要的酶,主要用来催化活性氧自由基分解成 O_2 和 H_2O_2。图 4-3 反映了不同剂量的不同钝化剂对生长旺盛期三七叶片中 SOD 酶活性的影响。从图中可以看出,各种钝化剂对 SOD 酶活性的影响规律不同。在零价铁处理下,SOD 酶活性先降低后升高,在 0.1% 处理下其活性最高,比对照组增加 17.25%,但各处理与对照组之间没有显著性差异。在沸石处理下,SOD 酶活性也是先在 0.5% 添加量时降低了 30.47% 然后增加,且在 1.0% 处理下达到最大,比对照组增加 15.89%,但无显著性差异。硅胶处理使 SOD 酶活性增加了 3.64%,硅藻土处理则反之,使 SOD 酶活性降低了 9.91%,但均无显著性差异。相比之下,铁处理使三七叶片中 SOD 酶活性增加最多。

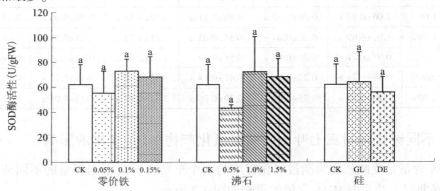

图 4-3　不同钝化剂处理下三七叶片中 SOD 酶活性的变化

4.4.4　不同钝化剂对三七叶片中 POD 酶活性的影响

过氧化物酶(POD)也是抗氧化系统酶中重要的一员,它可与细胞中的酚类及过氧化氢等氧化性物质反应,进而保护细胞受到膜脂氧化的损害。图 4-4 反映了不同剂量的不同钝化剂处理下,生长旺盛期三七叶片中 POD 酶活性的变化。不同钝化剂对 POD 酶活性的影响不完全一致。在零价铁的处理下,POD 酶活性降低了 15%~34.89%,但是 POD 酶活性随零价铁剂量的增加呈现出一个升高的趋势,没有显著性差异。在沸石处理下,POD 酶活性降低了 22.46%~42.82%,在 1.5% 处理下 POD 酶活性最低,显著降低了 42.82%。硅胶处理使 POD 酶活性增加了 7.57%,而硅藻土处理使 POD 酶活性降低了 2.45%,但均无显著性差异。

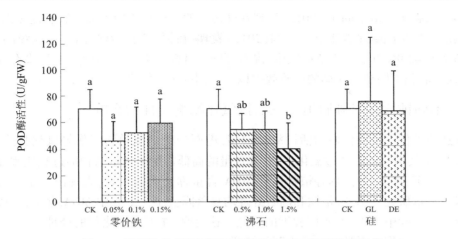

图 4-4　不同钝化剂处理下三七叶片中 POD 酶活性的变化

4.5　讨　论

4.5.1　不同钝化剂对砷胁迫下三七生长状况的影响

　　本章研究表明,零价铁对砷胁迫下的三七在生长旺盛期和成熟期时的株高、总叶数、叶面积、根茎的干重都没有显著性影响,但使生长旺盛期叶片的叶绿素相对含量 SPAD 值显著降低,成熟期三七叶干重在最高剂量(0.15%)处理下显著增加。SPAD 值是叶绿素的相对含量,反映植物的光合作用能力。铁粉加入后会在土壤中发生氧化还原反应生成铁氧化物,进而可以固定土壤中的砷,在营养生长期,铁粉在土壤中反应的时间不及三七成熟期那么充足,因而可能对土壤中砷的生物有效性降低程度不够,而对三七的光合作用产生不利影响,进而降低了叶绿素相对含量 SPAD 值,而在成熟期,土壤中铁与砷充分反应,砷得到了充分的固化,而对植物的胁迫降低。铁粉促进了三七在两个时期的生物量的增加,但没有显著性差异,并且在成熟期三七根部生物量大幅提升。每年的 8~10 月是三七的生殖生长高峰期,4~8 月是三七地下干物质积累比较快的时候,从本章研究结果来看,三七地下生物量增长最快的时期在 6~8 月。Yan(2013)的研究表明,在砷污染土壤中施加 0.25% 的零价铁可显著增加三七根部生物量。其他学者的研究表明,其他含铁材料(如针铁矿、水铁矿等)也可显著增加砷胁迫下植物的生物量。

　　沸石在 0.5% 的添加量下使成熟期的三七株高显著下降,1.5% 沸石处理使生长旺盛期的总叶数显著下降,且沸石处理显著提高了两个时期三七叶绿素相对含量 SPAD 值。此外,沸石、硅胶、硅藻土均对三七的各形态学指标没有显著性影响。三七在两个时期的根、茎、叶的干重也没有受到这三种钝化剂的显著影响,但 2% 的硅胶处理使三七根部干重增加最多,其次是 1.5% 的沸石、2% 的硅藻土。沸石、硅胶、硅藻土这三种材料均为含硅材料,其比表面积大,具有很好的吸附性,常用来清除水体或土壤中的重金属离子。研究表明沸石具有改良土壤物理化学性质的作用,还可以提高土壤养分;硅藻土和沸石一样都是黏土类矿物材料,处理土壤后不会改变土壤结构、不破坏土壤生态,不会对植物生长产生不好的影响。Angelia L.(2012)发现在砷污染的稻田土壤中添加硅胶和硅藻土,均未对水稻的生物量产生显著影响。李鹏(2011)发现,在镉污染土壤中添加小粒级沸石,可使番茄增产42.9%以上。本章研究中,沸石、硅胶、硅藻土对三七的生物量均没有显著性影响,这可能和不同植物对硅的吸收效率以及不同的土壤污染程度有关。

4.5.2 不同钝化剂对砷胁迫下三七抗氧化酶响应性的影响

在逆境条件下植物体内的活性氧会增多,进而产生细胞膜脂损伤等氧化胁迫,丙二醛(MDA)是其中一种脂类过氧化产物,其含量的高低常用来衡量植物的过氧化程度。高浓度砷胁迫下,燕麦、中国莲等植物体内 MDA 含量都会大幅升高,表现出一定的氧化胁迫症状。本章研究表明,零价铁和沸石处理均显著降低了三七叶中 MDA 含量,硅胶和硅藻土也使三七叶中 MDA 有不同程度的降低。这说明,在不同钝化剂的处理下,三七叶片中的膜脂过氧化伤害得到了一定程度的缓解。

此外,本章研究发现,零价铁、沸石、硅藻土处理均提高了叶片中 SOD 酶活性,但 POD 酶活性有所降低(硅藻土除外)。抗氧化系统酶活性的变化是对外界氧化胁迫的一种响应机制,抗氧化系统酶活性的提高有利于清除细胞内过多的活性氧自由基而对自身起到保护作用。不同植物不同的抗氧化系统酶对不同的外界胁迫因子的响应性不完全相同。在三价砷胁迫下,中国莲幼苗的 SOD 酶活性随砷浓度升高而显著升高,而 POD 酶活性却先升高后降低;水稻在镉胁迫下,随着浓度的增加,SOD 酶活性和 POD 酶活性均呈上升趋势;板蓝根种子在镉、铅胁迫下,在低浓度时 POD 酶活性略微升高,随重金属浓度的增加,SOD 酶活性、POD 酶活性均降低。许多研究也表明,在重金属胁迫下,向土壤中添加稀土元素、钝化剂等可帮助缓解重金属对植物的胁迫。稀土元素镧可在一定程度上抑制超氧阴离子自由基的产生,提高铅胁迫下的油菜幼苗体内的 SOD 酶活性、POD 酶活性,降低氧化胁迫。铜胁迫下,使用二氧化钛改良剂,海州香薷的 SOD 酶具有激活趋势,活性上升,而 POD 酶活性在高浓度铜胁迫下急剧升高。镉污染下,棕红壤上使用 FM 钝化剂处理,水稻 POD 酶活性显著提高,SOD 酶活性变化不大;而在灰潮土上,FM 钝化剂处理后,水稻 SOD 酶活性、POD 酶活性均比对照组升高。本章研究中,零价铁、沸石的处理,三七叶片中 POD 酶活性可能比 SOD 酶活性对砷的胁迫更加敏感,添加剂处理下POD 酶活性有所降低,而三七中的 SOD 酶活性有所激活而提高了清除活性氧自由基的能力,进而显著降低了细胞膜脂过氧化损害。

4.6 本章小结

(1)零价铁、沸石可显著提高成熟期三七的叶绿素相对含量 SPAD 值,但零价铁、沸石、硅胶、硅藻土四种材料对生长旺盛期和成熟期三七的株高、叶面积、总叶数等指标均无显著性影响;这四种材料均可提高成熟期三七根部生物量,且2%的硅胶使成熟期三七根部干重增加最多。

(2)高剂量的零价铁、沸石均显著降低了三七叶中 MDA 含量,显著缓解了砷对三七的膜脂过氧化胁迫,硅胶和硅藻土也使三七叶中 MDA 含量降低,但没有零价铁、沸石的效果显著。

（3）在砷胁迫下，添加不同的钝化剂对三七叶片中抗氧化酶活性的影响各不相同。添加零价铁提高了三七叶片中 SOD 酶的活性，但降低了 POD 酶活性；添加沸石提高了 SOD 酶活性，降低了 POD 酶活性，两者的活性都是在 1.0% 沸石处理下达到最大；硅胶处理下，同时提高了 SOD 酶活性和 POD 酶活性；硅藻土处理下，三七叶片中 SOD 酶活性和 POD 酶活性均降低。

第 5 章　不同添加剂对三七主要皂苷类药效成分累积的影响

三七是我国珍贵的传统中药材,根部是其主要的药用部位,主要的药效成分是三七皂苷 R_1、人参皂苷 Rb_1、人参皂苷 Rg_1 等皂苷类成分,皂苷含量的高低是衡量三七药材品质的一个重要指标。三七中的皂苷属于萜类化合物,是一种植物次生代谢产物(孙立影等,2009)。萜类化合物的合成途径主要是乙酰-甲羟戊酸途径,受到鲨烯合成酶(SS)、鲨烯环氧酶(SE)、达玛烷二醇合成酶(DS)、细胞色素 P450 酶等关键酶的调控(石磊等,2010)。各种环境因子会影响植物次生代谢产物的合成,砷胁迫也是一个重要的影响要素。有研究表明,三七根中总皂苷含量会随外源砷添加量的增加而降低(曾鸿超等,2011)。也有研究表明一些小分子物质及重金属会影响药效成分关键酶基因的表达量,进而影响药效成分的合成(Zhong et al.,1996;梁新华等,2011)。因而,药效成分关键酶基因表达量的变化可以在一定程度上反映和阐释植物体内药效成分含量的变化。本章主要分析了在不同种类不同剂量的添加剂处理下,在不同的生长时期三七根部总皂苷及 R_1、Rg_1、Rb_1 三种单体皂苷的含量变化情况,并研究了在磷及零价铁处理下,三七根中药效成分关键酶基因表达量的变化及其与皂苷含量之间的相关关系。

5.1　样品采集

磷、硫、硅处理的三七于生长旺盛期(6 月)采样;零价铁、沸石、硅胶、硅藻土处理的三七分别于生长旺盛期(6 月)和成熟期(10 月)均进行采样。三七的根部一部分清洗烘干后用于测定主要皂苷类药效成分,另一部分清洗后,立即放入液氮中保存,用于测定药效成分关键酶基因表达量。

5.2　各指标测定方法

5.2.1　皂苷含量的测定

5.2.1.1　主要试剂和仪器

皂苷含量测定过程中所用到的主要试剂和仪器如表 5-1 所示。

表 5-1　皂苷含量测定过程中所用的主要试剂和仪器

名称	规格/型号	来源
甲醇	色谱纯	Fisher scientific
乙腈	色谱纯	Fisher scientific
磷酸	优级纯	天津市津科精细化工研究所
三七皂苷 R_1 对照品	110745	中国食品药品检定研究院
人参皂苷 Rg_1 对照品	110703	中国食品药品检定研究院
人参皂苷 Rb_1 对照品	110704	中国食品药品检定研究院
分析天平	Mettler Toledo ME104	瑞士 Mettler Toledo 公司
超声波清洗仪	KQ-250DB	上海精密仪器仪表公司
低速离心机	SC-3614	安徽中科中佳科学仪器有限公司
紫外检测器	Waters 2487	上海 Waters 公司
双通道 HPLC 泵	Waters 1525	上海 Waters 公司
自动进样器	Waters 717plus	上海 Waters 公司
移液枪	BRAND	德国 BRAND 公司

5.2.1.2　三七样品中皂苷成分的提取

参照《中华人民共和国药典》(2010 年版)的提取方法,精确称取 0.500 0 g 三七根部样品粉末于 10 mL 离心管中,加入 5 mL 甲醇,充分混合均匀,在室温下超声 30 min,然后以 4 000 rpm 离心 15 min,将上清液转移出来,并且用 0.22 μm 滤膜过滤,滤液放入 4 ℃冰箱保存,待测。

5.2.1.3　HPLC 色谱条件

三七中皂苷含量的测定参考《中华人民共和国药典》(2010 年版)提供的测定方法,并做稍微的修改,检测波长设为 203 nm,采用规格为 4.6 × 250 mm (5 μm 填充)的 Agilent T_c-C18 色谱柱,柱温为 25 ℃,流动相为乙腈(A)-0.05% 磷酸(B),流速为 1.6 mL/min,梯度洗脱条件如表 5-2 所示。

表 5-2　测定皂苷含量所用的梯度洗脱条件

时间(min)	乙腈(A)(%)	0.05%磷酸(B)(%)
0~20	20	80
20~60	20~31	80~69
60~70	31	69

5.2.1.4　线性关系考察

精确称量 0.96 mg 三七皂苷对照品 R_1、3.95 mg 人参皂苷 Rg_1 对照品、4.11 mg 人参皂苷 Rb_1 对照品,加入 10 mL 甲醇,溶解,即制得浓度分别为 0.096 mg/mL、0.395 mg/mL、0.411 mg/mL 的三七皂苷 R_1、人参皂苷 Rg_1、人参皂苷 Rb_1 的混合对照品溶液。使用表 5-2 的洗脱条件,按照 3 μL、5 μL、8 μL、10 μL、15 μL 的进样量分别进样,得到测试谱图。分别积分得到三种皂苷的峰面积,以峰面积(μV·s)为纵坐标,进样量(μL)为横坐标,拟合得到三种皂苷的标准曲线。

5.2.1.5　精密度与重复性考察

取一个样品,同一天内连续进样 6 针,进样量均为 10 μL,考察方法精密度。

取一份样品,称量 6 份,按照同样的方法进行提取,测量这 6 份样品的皂苷含量,考察方法重复性。

5.2.1.6　回收率测定

取一份已知浓度的样品,提取过程中分别加入 0.099 mg R_1 对照品、0.399 mg Rg_1 对照品、0.395 mg Rb_1 对照品,测定加入对照品后的样品的皂苷含量,计算回收率。

5.2.1.7　色谱图及方法学考察结果

三七皂苷 R_1、人参皂苷 Rg_1、人参皂苷 Rb_1 对照品的色谱图和三七样品的色谱图如图 5-1所示。从色谱图中可以看出,样品中三种皂苷的出峰时间和对照品的出峰时间是一致的,并且样品中 Rg_1 和 Re 的分离度大于 1,符合药典规定。

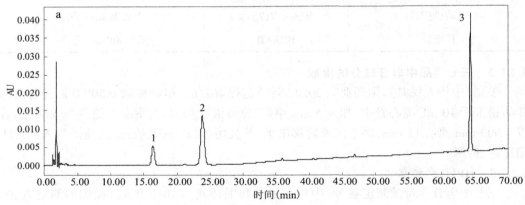

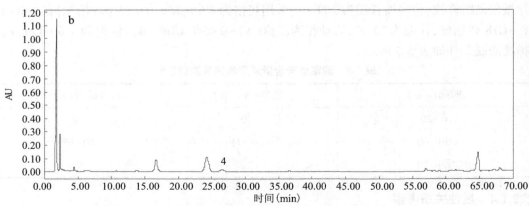

图 5-1　对照品(a)和三七样品(b)中三种皂苷的 HPLC 色谱图

(峰 1、2、3、4 分别代表三七皂苷 R_1、人参皂苷 Rg_1、人参皂苷 Rb_1、人参皂苷 Re)

三种皂苷的标准曲线如表 5-3 所示，R^2 均接近 1，表明三种皂苷在所考察的线性范围内线性关系良好。连续进样 6 针，三七皂苷 R_1、人参皂苷 Rg_1、人参皂苷 Rb_1 的相对标准偏差（RSD）分别为 0.64%、0.38%、0.49%，表明进样精密度良好。重复性测试中 R_1、Rg_1、Rb_1 的 RSD 值分别为 4.53%、4.59%、6.25%，表明该方法具有良好的重复性。R_1、Rg_1、Rb_1 的回收率分别为 91.92%、94.99%、97.48%，RSD 值分别为 6.51%、3.39%、3.20%，说明该方法准确度好。

表 5-3　三种皂苷的标准曲线

名称	标准曲线	R^2	线性范围（μg）
三七皂苷 R_1	$Y = 65\ 464X - 32\ 107$	1	0.29～1.44
人参皂苷 Rg_1	$Y = 48\ 405X - 24\ 917$	0.999 9	1.19～5.93
人参皂苷 Rb_1	$Y = 21\ 744X - 14\ 093$	0.999 6	1.23～6.17

5.2.2　药效成分关键酶基因表达量的测定

5.2.2.1　主要试剂和仪器

药效成分关键酶基因表达量测定所用主要试剂和仪器见表 5-4。

表 5-4　药效成分关键酶基因表达量测定所用主要试剂和仪器

名称	规格/型号	来源
Trizol 试剂	分析纯	康为世纪生物科技公司
无水乙醇	分析纯	国药集团
BestarTM qPCR RT Kit	DBI-2220	德国 DBI
Bestar ® SybrGreen qPCR mastermix	DBI-2043	德国 DBI
荧光定量 PCR 仪	ABI7500	life technology 公司
低温冷冻离心机	TGL-16M	上海卢湘仪
单人净化工作台	SW-CJ-1D	泸净净化
生物安全柜	HR40-Ⅱ A2	Haier 公司

5.2.2.2　引物合成

所测关键酶基因是 SS（GU183406）、SE（EU131089.1）、DS（GU997680.1）、P450（GU997675.1），以 GAPDH（genbank 序列号为 AY345228.1）作为内参基因，引物信息参照实验室前期成员朱美霖（2014）的设计结果，详细信息见表 5-5。

表 5-5 实验所用引物的详细信息

基因名称	Genbank ID	引物序列		扩增长度(bp)
GAPDH(内参)	AY345228.1	Forward:	ACTGTGGATGTCTCTGTGGTAG	93
		Reverse:	CTCCGACTCCTCCTTGATAGC	
SE	EU131089.1	Forward:	AGTTGCTCTGTCCGATATTGTCTTG	146
		Reverse:	CACCTGCCAATGTATTTATAGTAGATGC	
SS	GU183406	Forward:	GCCTCGTCATTCAACAGC	92
		Reverse:	GTCATCCTCAACAGTGTCAAG	
DS	GU997680.1	Forward:	CCACTCAAGGGAAACAGGACAAATC	119
		Reverse:	ATCAACAACTTCGCTGCTCTATGC	
P450	GU997675.1	Forward:	GATACAATTCTTTCCCTTCCAACTTACC	85
		Reverse:	CCTACAATCTTACTCAGCCTCTTCC	

5.2.2.3 三七根部总 RNA 的提取

1. RNA 的提取步骤

三七根部总 RNA 的提取按照 Life Technologies 提供的植物总 RNA 提取试剂盒的使用说明进行。具体方法如下:

(1)称取 50~100 mg 三七根组织样品,加入 500 μL Trizol 裂解液,充分裂解;

(2)室温下以 14 000 rpm 离心 5 min,把上清液转移至 gDNA 过滤柱中,以 14 000 rpm 离心 1 min;

(3)向滤液中加入 0.5 倍体积无水乙醇,混匀,并将滤液转至 HiPure RNA Mini Column过滤柱中,以 10 000 rpm 离心 30~60 s;

(4)把上步中的柱子装入离心管,向柱子里加入 500 μL Buffer RW1,以 10 000 rpm 离心 30~60 s;

(5)弃去滤液,继续向柱子里加入 600 μL Buffer RW2,以 10 000 rpm 离心 30~60 s,弃去滤液,本步骤重复一次;

(6)弃去滤液,将柱子加入空的离心管,以 10 000 rpm 离心 2 min,甩干柱子;

(7)将柱子转至 1.5 mL 离心管,向柱子的膜中央加入 40 μL DEPC,静置 2 min,以 10 000 rpm 离心 1 min;

(8)滤液即为提取的 RNA,-80 ℃ 保存,待用。

2.RNA 质量检测

用紫外分光光度计测定 RNA 浓度及其在 260/280 nm 的 OD 值以检测所提 RNA 的纯度。结果显示 OD 值为 1.74~2.22,表明所提 RNA 纯度较好。

5.2.2.4　去基因组 DNA 及 cDNA 的合成

将所提 RNA 加入到 gDNA 吸附柱,室温下以 10 000 rpm 离心 1 min,收集滤液即为去除基因组 DNA 的 RNA。把 RNA 在 65 ℃ 条件下热变性 5 min 后,立即置于冰上冷却 2 min。逆转录反应体系如表 5-6 所示。反应条件:37 ℃,15 min;98 ℃, 5 min;4 ℃, hold。反应结束后,用灭菌去离子水将 cDNA 稀释 5 倍,在−20 ℃ 条件下保存。

表 5-6　RNA 逆转录反应体系

试剂	用量(μL)
5 × RT Buffer	2
RT Enzyme Mix	0.5
Primer Mix	0.5
RNA	1
RNase−free Water	to 10
Total	10

5.2.2.5　实时荧光定量 PCR

目的基因和参比基因分别做 3 个重复,PCR 反应体系如表 5-7 所示。

表 5-7　实时荧光定量 PCR 反应体系

试剂	体积(μL)	终浓度
灭菌蒸馏水	4.56	—
Bestar Ⓡ SybrGreen qPCR mastermix	10	1×
Forward Primer(20 μm)	0.2	0.2 μm
Reverse Primer(20 μm)	0.2	0.2 μm
50×ROX	0.04	0.1×
模板(cDNA)	5	—
Total	20	—

反应条件如下:第一阶段 95 ℃ 、2 min;然后按照 95 ℃ 、10 s,60 ℃ 、34 s,72 ℃ 、30 s, 进行 45 个循环,循环结束后从 60 ℃ 升高到 98 ℃ 获取熔融曲线。

5.2.2.6　实时定量 PCR 的扩增曲线和熔融曲线

由图 5-2 可以看出,内参基因及各药效成分关键酶基因均有特异扩增,表明其在根中均有表达。各基因的熔融曲线都只有一个特征峰,具有单一的熔融温度(GAPDH、SE、 SS、DS、P450 的 T_m 分别为 81 ℃ 、82.8 ℃ 、83.1 ℃ 、83.6 ℃ 、81.2 ℃),这说明了引物具有良好的特异性。

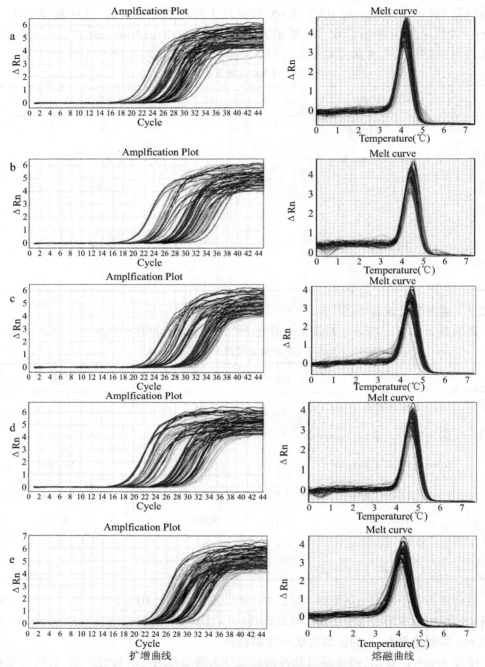

图 5-2　内参基因及四种目的基因的扩增曲线及熔融曲线

（a、b、c、d、e 分别为 GAPDH、SE、SS、DS、P450）

5.2.2.7　数据处理

本实验的数据采用 $2^{-\triangle\triangle Ct}$ 法进行分析,计算公式为

$$F = 2^{-\left[\left(\frac{待测组目的基因}{平均Ct值} - \frac{待测组管家基因}{平均Ct值}\right) - \left(\frac{对照组目的基因}{平均Ct值} - \frac{对照组管家基因}{平均Ct值}\right)\right]}$$

F 为相对表达量,根据此次试验的设计,将对照组中的各目的基因的表达量设为 1。

5.2.3　数据统计分析

本书中的数据均使用 Microsoft Excel 2010 计算平均值及标准偏差,表格中的数据均以均值±标准偏差表示。此外,使用 SPSS 17.0 软件对各组数据进行单因素方差分析(ANOVA),并用 LSD 进行多重比较,考察各处理组数据与对照组之间是否有显著性差异,$P < 0.05$;对皂苷含量与关键酶基因表达量之间进行 Pearson 相关分析(two - tailed)。

5.3　结果与分析

5.3.1　不同土壤添加剂对三七主要皂苷成分含量的影响

5.3.1.1　磷、硫、硅添加剂对三七中 R_1、Rg_1、Rb_1 及总皂苷含量的影响

不同剂量磷、硫、硅添加剂对生长旺盛期三七根中三七皂苷 R_1、人参皂苷 Rg_1、人参皂苷 Rb_1 以及总皂苷(三种皂苷含量之和)含量的影响如图 5-3 所示。在对照组及磷、硫、硅添加剂处理下,三七根中总皂苷含量均小于 4%。随着磷添加剂剂量的增加,三七根中总皂苷含量呈现出增加的趋势,总体上增加了 2.93%~16.27%,R_1、Rg_1 含量在 P150 处理时达到最大,分别增加了 84.22%、16.65%,而 Rb_1 含量在 P100 处理时达到最大,增加了 23.93%,但是各处理之间没有显著性差异。在硫添加剂的处理下,三七根中总皂苷含量随硫添加剂量的增加而先增后减,在 S75 处理时达到最大,比对照增加了 26.01%,但 S100 处理使总皂苷含量降低了 8.12%;其中,R_1、Rg_1 的含量在 S75 处理时达到最大,分别升高了 69%、36.06%,但在该处理下,Rb_1 的含量降低了 8.87%,而 Rb_1 含量在 S50 处理时最高,增加了 20.85%;S100 处理时,R_1 含量比 S75 处理时显著降低。在硅添加剂处理下,低剂量的硅(50 mg/kg)使总皂苷含量升高了 6.67%,而高剂量(100 mg/kg)下总皂苷含量下降了 4.59%,其中主要是 Rg_1 含量变化较大,在 Si50 处理时增加了 9.75%,而在 Si100 处理时降低了 7.5%,但与对照组之间均没有显著性差异。

5.3.1.2　不同钝化剂对三七中 R_1、Rg_1、Rb_1 及总皂苷含量的影响

生长旺盛期和成熟期三七根中总皂苷及 R_1、Rg_1、Rb_1 的含量在不同剂量不同种类钝化剂处理下的变化情况如图 5-4 所示。在生长旺盛期,对照组中三七皂苷 R_1、人参皂苷 Rg_1、人参皂苷 Rb_1 及总皂苷的含量分别为 0.13%、2.29%、0.82%、3.24%,各种钝化剂对不同种类皂苷含量的影响各不相同,但总皂苷含量在整体上都有所下降。零价铁处理下(见图 5-4a),三七皂苷 R_1 含量比对照组升高 13.56%~23.19%,总皂苷含量下降了 3.79%~23.05%,其中在 0.15% 处理下,总皂苷含量最高,Rg_1 降低幅度也最低,Rb_1 增加了

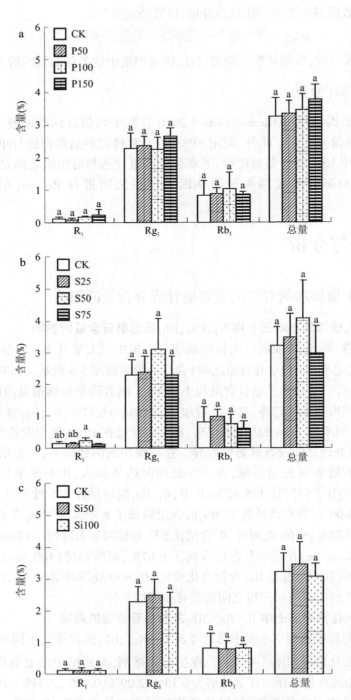

图 5-3 磷（a）、硫（b）、硅（c）添加剂对生长旺盛期的
三七主要皂苷含量的影响

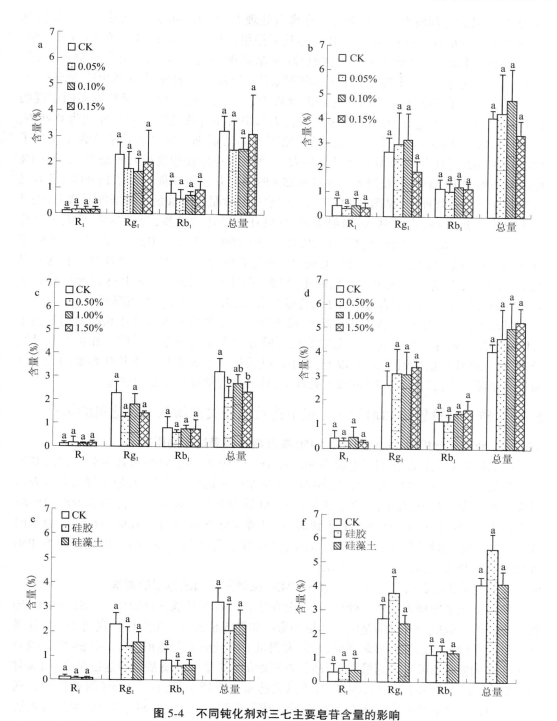

图 5-4　不同钝化剂对三七主要皂苷含量的影响

（a:铁处理生长旺盛期;b:铁处理成熟期;c:沸石处理生长旺盛期;d:沸石处理成熟期;
e:硅胶、硅藻土处理生长旺盛期;f:硅胶、硅藻土处理成熟期）

14.95%,但处理之间没有显著性差异。在沸石处理下(见图 5-4c),三七总皂苷含量降低了 16.27%~34.67%,三种皂苷只有 R_1 含量比对照组升高 1.6%~35.44%,在 1.0%处理时,总皂苷含量最高且与对照组无显著性差异(其余处理均显著降低)。硅胶和硅藻土(见图 5-4e)处理使得三七根中各种皂苷含量均降低,且总皂苷含量分别降低了 35.91%、28.5%。

成熟期时,在不同剂量不同钝化剂的处理下,三七根中总皂苷含量均有不同程度的提升,对照组中三七皂苷 R_1、人参皂苷 Rg_1、人参皂苷 Rb_1 及总皂苷含量分别为 0.40%、2.63%、1.15%、4.06%。在零价铁处理下(见图 5-4b),低剂量处理下总皂苷含量增加了 5.06%~17.62%,且在 0.1%处理下达到最大,三种皂苷中增加幅度最大的是 Rg_1,在 0.1%处理下增加了 19.61%;但在最大添加量 0.15%时总皂苷含量反而降低了 16.99%,没有显著性差异。沸石处理下(见图 5-4d)三七根中总皂苷含量随添加剂量的增加而增大,提升了 12.77%~30.03%,在 1.5%添加剂量下,总皂苷含量达到最高,为 5.28%,且人参皂苷 Rg_1、人参皂苷 Rb_1 含量分别提升了 29.12%、39.26%,但三七中皂苷 R_1 含量下降了 31.52%。硅胶处理(见图 5-4f)使三七根中三种皂苷的含量分别提高,并使总皂苷含量升高了 36.92%,含量达到 5.56%。硅藻土处理(见图 5-4f)使三七根中皂苷含量升高了 1.12%,其中三七皂苷 R_1、人参皂苷 Rb_1 含量升高,但人参皂苷 Rg_1 有所降低。

对比生长旺盛期和成熟期可以看出,成熟期三七中的皂苷含量比生长旺盛期提高了 7.45%~62.62%,生长后期对于三七中的皂苷成分的积累是非常关键的。在沸石和硅胶处理下,总皂苷含量达到了 5.0%以上,其中在硅胶处理下成熟期比生长旺盛期的皂苷含量提升幅度最大,其次是 1.5%的沸石处理下,总皂苷含量提升了 55.31%。

5.3.2 磷和零价铁添加剂对三七根中药效成分关键酶基因表达量的影响

5.3.2.1 磷对三七根中 SE、SS、DS、P450 关键酶基因表达量的影响

磷添加剂对生长旺盛期三七根中 SE、SS、DS、P450 四种主要的药效成分关键酶基因表达量的影响如图 5-5 所示。可以看出除 SS 酶基因表达量上升外,其他关键酶基因表达量都有所下降。其中,SE 酶基因表达量在 P100 处理下显著降低到对照组的 50%;DS 酶基因的表达量也是在 P100 处理下达到最低,显著降低到对照组的 16%;而 P450 酶基因表达量在 P50 处理下最低,是对照的 82%,但没有显著性差异;SS 酶基因表达量在 P50 处理下有所升高,是对照组的 1.42 倍。

5.3.2.2 零价铁对三七根中 SE、SS、DS、P450 关键酶基因表达量的影响

砷污染土壤中加入零价铁处理,对三七在生长旺盛期和成熟期根中 SE、SS、DS、P450 四种主要的药效成分关键酶基因表达量的影响如图 5-6 所示。在生长旺盛期,SE 酶基因表达量随零价铁的添加而显著降低,在最大剂量下降低到对照组的 10%;而 SS 酶基因表达量在 0.10%添加量时达到最大,提高到对照组的 4.7 倍;DS 酶基因表达量是在 0.1%时达到最大,是对照组的 2.5 倍;P450 酶基因表达量也有所降低,且在 0.5%的处理下达到最低,是对照组的 50%,但没有显著性差异。成熟期时,三七根部 SE、SS、DS 酶基因表达量均大幅下降,只有 P450 酶基因表达量比对照组提升,并且在 0.05%的处理下比对照组显著增加,表达量是对照组的 2.3 倍。

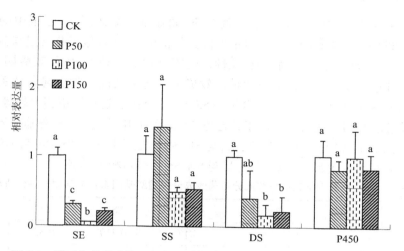

图 5-5　磷对生长旺盛期三七根中四种药效成分关键酶基因表达量的影响

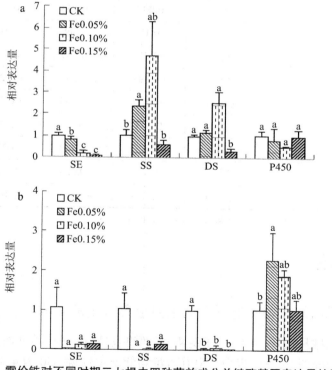

图 5-6　零价铁对不同时期三七根中四种药效成分关键酶基因表达量的影响

（a:生长旺盛期;b:成熟期）

5.3.3 三七根中皂苷含量和药效成分关键酶基因表达量的相关性分析

从表 5-8 的分析结果可以看出,砷胁迫下,磷添加剂处理时,三七根中的人参皂苷 Rb_1 含量和细胞色素 P450 酶基因表达量呈极显著正相关,而其他皂苷含量与其他药效成分关键酶基因表达量之间没有显著相关性。在零价铁的处理下,生长旺盛期和成熟期,三七根中三种皂苷及总皂苷含量与四种药效成分关键酶之间均没有显著相关性。但在零价铁处理下,在生长旺盛期,除 R_1 含量与 SS、SE 酶基因表达量呈正相关趋势外,其他皂苷含量与关键酶基因表达量均呈负相关趋势;在成熟期,R_1 含量与 SE 酶基因表达量呈正相关趋势,与 DS、P450 呈负相关趋势,Rg_1 与 SE、SS 均呈负相关趋势,Rb_1 与 DS 呈正相关趋势,与 P450 呈负相关趋势,总皂苷含量与 SE、SS 均呈负相关趋势。

表 5-8 磷、铁处理下三七皂苷成分与药效成分关键酶基因表达量的相关性分析表

时期	处理	皂苷种类	SE	SS	DS	P450
生长旺盛期	磷[a]	R_1	−0.171	−0.319	−0.322	−0.086
		Rg_1	0.283	0.014	0.036	−0.300
		Rb_1	−0.189	0.011	0.085	0.859 **
		总皂苷	0.037	−0.063	0.013	0.384
生长旺盛期	零价铁[a]	R_1	−0.170	0.198	0.197	−0.347
		Rg_1	−0.017	−0.237	−0.217	−0.195
		Rb_1	−0.397	−0.293	−0.240	−0.082
		总皂苷	−0.127	−0.239	−0.209	−0.201
成熟期	零价铁[b]	R_1	0.363	0.004	−0.289	−0.158
		Rg_1	−0.416	−0.543	0.011	0.049
		Rb_1	−0.088	−0.024	0.384	−0.483
		总皂苷	−0.305	−0.467	0.034	−0.089

注:a 指自由度为 12,b 指自由度为 9,** 指极显著相关,$P < 0.01$。

5.4 讨 论

5.4.1 不同添加剂对砷胁迫下三七主要皂苷含量的影响

本章的研究结果表明,在生长旺盛期,对照组及磷、硫、硅、零价铁、沸石、硅胶、硅藻土 7 种添加剂的处理下,三七根中总皂苷含量均低于 4%(除 S50 为 4.09% 外),而在成熟期对照组及零价铁、沸石、硅胶、硅藻土四种添加剂处理下三七根中总皂苷含量全部上升(没有研究磷、硫、硅成熟期皂苷含量情况),均在 4% 以上,还有个别处理达到 5% 以上。崔秀明(崔秀明等,2001)的研究表明,8~10 月是三七体内皂苷的高速增长期。本章的研究结果也证明了这个规律,在钝化剂处理下,成熟期三七体内总皂苷含量比生长旺盛期

最高可提升 62.62%。《中华人民共和国药典》（2010 年版）规定，三七中三七皂苷 R_1、人参皂苷 Rg_1、人参皂苷 Rb_1 三种皂苷含量应该在 5% 以上。但这一般是对 3 年生以上三七的要求，一般市场上的三七都是需要至少生长 3 年，本章的三七只培育了 1 年，是二年七，只有在个别钝化剂处理下的三七达到了 5% 以上的标准。

三七体内的皂苷类药效成分是一种次生代谢产物，其在植物体内的积累受到环境因素的影响。前人的研究表明，少量的砷可以刺激三七体内皂苷的积累，增加皂苷含量，而高浓度的砷会降低三七体内皂苷含量（朱美霖，2014；林龙勇，2012）。此外，如营养元素、土壤理化性质、气候条件也都会影响次生代谢产物的积累。本章的研究结果表明，砷胁迫下添加适量的磷、硫、硅添加剂，生长旺盛期三七中总皂苷的含量都有增加的趋势，但高剂量的硫、硅造成了皂苷含量的降低。在其他药用植物中也有类似的报道，对于 2 年生的柴胡，低剂量的 N 和 P 可以使柴胡皂苷 a 和柴胡皂苷 b 的含量大幅增加，但高肥力下，皂苷总量却减少（曾燕等，2012）。韩建萍（2005）等发现，施磷有利于丹参中丹参素及丹参酮 II_A 的积累。孙海（2012）等的研究表明，人参中人参皂苷含量与土壤中的总磷呈极显著正相关。此外，本章的研究结果也显示零价铁、沸石、硅胶、硅藻土处理下，生长旺盛期时，三七根中总皂苷含量都比对照组降低，但在成熟期都有不同程度提升，且超过对照组总皂苷含量。这说明，在生长旺盛期这四种添加剂没有有效缓解砷对三七皂苷含量累积的胁迫，但其主要是在成熟期发挥了作用，促进了总皂苷的增加。零价铁主要可以吸附土壤中可迁移态的砷从而降低砷对三七的胁迫，而沸石、硅胶、硅藻土除可以吸附砷外，还可以改善土壤的理化性质，增加土壤微环境，从而有利于三七的生长以及皂苷成分的积累。崔秀明（2000）调研了生长在不同土壤类型中的三七的皂苷含量，结果发现火山岩红壤中的三七总皂苷含量最高，并且认为这可能与该种类型的土壤中含有大量的沸石有关。从整体上来看，适量的磷、硫、硅添加剂对生长旺盛期三七根部总皂苷的积累效果优于零价铁、沸石、硅胶、硅藻土等添加剂，而零价铁、沸石、硅胶、硅藻土主要在成熟期对三七皂苷含量有较大影响。

5.4.2 不同添加剂对砷胁迫下药效成分关键酶基因表达量的影响

本章初步研究了在砷胁迫下添加磷、零价铁对三七根中药效成分关键酶 SE、SS、DS、P450 基因表达量的影响。多数研究表明，皂苷合成途径中的关键酶的基因表达量对皂苷含量具有一定的影响。孙颖（2013）等构建了 SS 基因超表达载体并导入三七基因组中，提高了三七体内 SS 转录水平，同时人参皂苷 Rb_1、人参皂苷 Rg_1 等含量也显著提高，表明 SS 对三七皂苷生物合成过程中起到了重要的调控作用。Han（2010）等采用一定的方法使 SE 酶 PgSQE1 完全沉默，人参中的皂苷含量比野生型抑制了 2 倍，说明了 SE 酶在人参皂苷合成中的重要作用。吴鹏（2014）的研究表明，刺五加中的 P450 基因与皂苷含量呈极显著正相关关系，并且该基因的表达量在不同生长时期有所不同，在盛花期最高，果实快速生长阶段最低。此外，学者们也发现通过一些诱导子可以刺激药效成分关键酶基因的表达，从而提高药效成分的合成。使用茉莉酸甲酯和茉莉酸乙酯处理悬浮培养 4 d 的三七细胞，显著提高了 SS、SE 的转录水平，并且三七中总皂苷含量显著增加（Hu et al.，2008）。用茉莉酸甲酯处理人参的毛状根 7 d，促进了 SS、SE、DS 的转录，同时原人参二醇及原人参三醇的含量也提高数倍(Kim et al.，2008)。在本章的研究中，低剂量的磷处理下，SS 关键酶基因表达量比对照组上升，此外，零价铁处理可使生长旺盛期 SS、DS 关键酶基因表达量增加，使成熟期 P450 关键酶基因表达量升高，同时磷处理下及铁处理下的成熟期三七中总皂苷含量都有所增加。但相关性分析显示，只有在磷处理下，生长旺盛期的人参皂苷 Rb_1 含量与 P450 关键酶基因表达量呈极显著正相关，其余皂苷含量与关键酶基因表达量均没有显著相关性。由于皂苷的合成过程比较复杂，关键酶的种类也不只本章研究的 4 种，磷可能是通过影响 SS、P450 酶基因表达量而促进了三七中总皂苷含量，而零价铁可能是通过影响其他关键酶基因表达量或是通过别的途径促进了皂苷含量，这还需进一步深入研究。

5.5　本章小结

(1)在生长旺盛期，低剂量的磷、硫、硅均能促进砷胁迫下三七总皂苷含量的积累，零价铁、沸石、硅胶、硅藻土处理使砷胁迫下三七根中总皂苷含量有所降低，但各种添加剂处理下，皂苷含量的变化与对照组之间均没有显著性差异。

(2)成熟期三七根中总皂苷含量高于生长旺盛期，零价铁、沸石、硅胶、硅藻土均使三七根中总皂苷含量呈现增加的趋势，其中，2%的硅胶处理使成熟期三七总皂苷含量达到最大(5.56%)，且比生长旺盛期增加最多，其次为 1.5%的沸石，总皂苷含量为 5.28%。

(3)50 mg/kg 磷添加剂使生长旺盛期三七中 SS 关键酶基因表达量增加；而零价铁添加剂使生长旺盛期三七中 SS、DS 关键酶基因表达量增加，使成熟期三七中 P450 关键酶基因表达量增加。只有在磷处理下，人参皂苷 Rb_1 含量与 P450 关键酶基因表达量之间呈极显著正相关。

第 6 章　农田环境中土壤砷污染的修复技术研究进展

6.1　土壤砷污染的修复方法

现阶段,用于砷污染修复的方法主要分为三大类,分别是物理修复、生物修复、微生物修复、化学修复。以下对这几种修复方法进行详细介绍。

6.1.1　物理修复

物理修复法是指采用物理的填挖来达到降低土壤砷含量的修复方法。常用的方法有客土、翻土、换土、去表土等。客土修复法是将未受污染的土壤填铺在砷污染土壤上表面以降低土壤砷污染的方法;翻土修复法是指将表面受到砷污染的土壤进行挖掘,并将其翻填到更深的土层的方法;换土修复法是指将受到砷污染的土壤进行部分或全部挖除,然后换填未受污染土壤的方法。

物理修复法可以使土壤的砷含量显著降低,但该方法在处理面积较大的砷污染土壤时,存在工程量大、占用土地、渗漏、费用高的缺点,同时可能会使土壤的自然性状受到破坏,并且有可能使地下水安全受到威胁。

6.1.2　生物修复

生物修复技术是利用生物技术治理砷污染土壤的方法,它是利用生物来净化或者消减土壤中的砷或者降低其毒性。广义的生物修复包括动物修复、植物修复和微生物修复。生物修复技术因具有能耗小、成本低、对环境扰动小和技术操作简单等优点而备受青睐。为了保持土壤结构和土壤微生物的活性,国内外研究工作者利用生物(动物、植物或微生物)来修复砷污染土壤。

6.1.2.1　土壤动物修复

土壤中某些动物如蚯蚓、鼠类等可吸收土壤中重金属。蚯蚓是生态系统中一个重要组成部分,在改良土壤结构、提高土壤肥力、促进植物生长和增加植物产量等方面发挥重要作用。蚯蚓能起到生物监测作用并用于污染土壤修复。蚯蚓对砷具有很强的耐受性,在含 53 000 mg/kg 砷的矿业废渣土壤中仍能大量存活。杨居荣等(1984)用威廉环毛蚯蚓(*Pheretima guillelmi*)开展试验,当在土壤中投加 As 100~300 mg/kg、Cd 10 mg/kg、Cu

300 mg/kg、Pb 300 mg/kg 时,蚯蚓对砷的富集系数最大。因此,在砷污染土壤上放养蚯蚓,待其畜集砷后,采用电击、灌水等方法驱除蚯蚓,集中处理,可修复砷污染土壤。

在重金属污染土壤上,对重金属有一定耐受力的蚯蚓品种还能促进植物生长。蚯蚓通过穴居和翻动作用使土壤保持较高的疏水和通气能力,有利于土壤中砷以 As(V) 存在,As(V) 是植物吸收砷的主要价态。因此,蚯蚓可能促进植物吸收砷,进而对砷污染土壤的植物修复具有积极意义。

6.1.2.2　基于提取法的植物修复技术

基于提取法的植物修复技术是借助自然界中存在的可吸附积累砷元素的植物的吸收和积累功能,将土壤中存在的砷污染物通过吸收作用转移到自身体内,从而减少土壤中砷含量,在吸收完毕后,可将植物进行收割和焚烧,从而达到修复砷污染土壤的目的。基于提取法的植物修复技术具有成本低、环保型高、安全性强、方法简便等诸多优点。

世界范围内已经发现的砷超累积植物有欧洲蕨、蜈蚣草(*Prerisviuata*)、大叶井口边草(*Preriscretica L.*)、粉叶蕨(*Pityrogrmamina calomelanos*)、蚁蛤草、苎麻、酸模、牡蒿、剑叶凤尾蕨等。其中超富集 As 植物主要集中在蕨类植物蜈蚣草、大叶井口边草和粉叶蕨(见表 6-1~表 6-3)。蜈蚣草、大叶井口边草、粉叶蕨、蚁蛤草叶部含砷量可达到 5 070~8 350 mg/kg,在正常土壤中生长的蜈蚣草地上部和地下部对砷的富集系数分别达到 71 和 80。Francesconi 等在泰国南部 Ron Phibum 地区发现的粉叶蕨积累的砷达到了 8 350 mg/kg。Srivastava 等通过大棚栽培试验又发现了狭眼风尾蕨(*Preris biaurita L.*)、*P. quadriaurita Retz* 和 *P. ryukyuensis Tagawa* 三种风尾蕨属的砷超富集植物,植物干重砷含量从 1 770 mg/kg 至 3 650 mg/kg 不等,认为 *P. ryukyuensis* 是最有希望的砷污染植物修复植物。

表 6-1　野外条件下土壤和蜈蚣草的含砷量

| 野外编号 | 采样地点 | 蜈蚣草生长介质 | | 植物含砷量(mg/kg) | | | 羽片对砷的生物富集系数 |
		类型	含砷量(mg/kg)	羽片	叶柄	根	
SMl7	石门县白云乡鹤山村 9 组	土壤	50	120	100		2.40
SM08	石门县雄黄矿水泥厂后山	土壤	90	668	200	170	7.42
SM24	慈利县国太桥乡星明村 1 组	土壤	100	144	70	80	1.44
SM26	慈利县国太桥乡星明村 3 组	土壤	130	310	140	120	2.38
SM20	石门县雄黄矿水泥厂公路旁	土壤	160	700	460		4.38
SM03	石门县白云乡鹤山村茶泥垭	土壤	260	700	310		2.69
SM07	石门县雄黄矿区公路旁	土壤	560	835	397		1.49
SM04	石门县雄黄矿招待所附近	土壤	610	1110	670		1.82
SM03	石门县雄黄矿招待所河床边	土壤	660	850	410	220	1.29
SM01	石门县堆黄矿尾矿坝	矿渣	3 400	1 540	680		0.45
SM13	石门县雄黄矿磷肥厂东	土壤	4 030	740	600		0.18
SM09	石门县维黄选矿厂附近公路旁	矿渣	8 500	1 400	900		0.16
SM06	石门县雄黄矿区公路旁	矿渣	23 400	1 530	820	900	0.07

表 6-2　野外生长条件下大叶井口边草对土壤砷的富集作用（湖南）

样号	土壤含砷浓度（mg/kg）	植物含砷浓度（mg/kg）		生物富集系数	转运系数
		地上部（F）	根（R）		
0011SM01	299	694	552	2.32	1.28
0011SM03	261	560	215	2.15	2.60
0011SM15	123	338	—	2.75	—
0011SM21	39	258	184	6.62	1.40
0011SM23	252	401	403	1.59	1.00
0011SM26	131	635	277	4.85	2.29
0011SM29	111	149	126	1.34	1.18
0011SM30	124	307	—	2.48	—

表 6-3　土壤和粉叶蕨各部位砷含量（μg/g 干重）

地点	土壤	叶柄	老叶	新叶	根状茎	无孢子的叶	掉落的叶子
1	380	380	4 390	5 610	370	5 420	
2	390	350	2 760		96		
3	370	290	5 390	5 440	—	5 590	
4	510	230	3 920	5 130	180	3 820	
5	135	150	8 000	5 210	88	8 350	600

有研究表明，蜈蚣草在砷含量为 100 mg/kg 土壤上种植 12 周，其地上部对 As 的富集最大量达 13.8 mg/株，约占原土壤砷含量的 10%；在砷含量为 98 mg/kg 土壤上种植 20周，叶片含砷量达 33 900 mg/kg。粉叶蕨（*Pityrogramma calomelanos*）在 500 mg/kg 砷污染土壤上生长，叶片能富集 As 5 000 mg/kg；以每年每平方米种植 16 株、每株叶片重 50 g计，则每年每平方米可去除 4 g As。在 30.3 m² 铬砷酸铜污染小区上种植蜈蚣草的野外试验表明，2 年中其表层土壤（0 ~ 15 cm）含砷量从 190 mg/kg 降至 140 mg/kg。此外，Ampiah-Bonney 等利用蓉草（*Leersia oryzoides*）修复砷浓度为 110 mg/kg 的污染土壤，16周后能从 1 hm² 土壤中提取 130 g 的 As。

一般来说，土壤中砷含量在 10 mg/kg 以上时，大部分植物即出现严重的中毒症状。据 Ma 等研究表明，蜈蚣草能在土壤砷含量高达 10 000 mg/kg 的土壤中正常生长，且能将土壤中砷大量富集到地上部分。陈同斌等研究表明，蜈蚣草在砷含量高达 1 500 mg/kg土壤上仍能正常生长，其地上部砷含量可高达 22 630 mg/kg，而根部砷含量却非常低。非污染区植物砷含量一般在 3.6 mg/kg 左右，在土壤砷含量为 18.8 ~ 1 603 mg/kg 的污染地块上生长的蜈蚣草（*Pterisvitata*）其体内砷含量为 1 442 ~ 7 526 mg/kg。蜈蚣草能把大量的As 转移到地上部，吸收 As 最大量达 22 600 mg/kg，尤其是其羽叶中吸收更多的 As，含量达

5 070 mg/kg。大叶井口边草地上部平均砷含量为418 mg/kg,最大含砷量可达694 mg/kg;地下部(根)的平均含砷量为293 mg/kg,最大含砷量552 mg/kg,其生物富集系数为1.3~4.8。在理想状态下,如果用蜈蚣草提取土壤中砷污染物,再收割焚烧,有毒物质的数量将大幅减少,在焚烧过程中应该注意烟汽的处理,焚烧后的灰可以变成矿产资源进行冶炼。

蜈蚣草和粉叶蕨均为多年生植物,生物量比较大。蜈蚣草和粉叶蕨存在一些共同的特性,其植物组织含砷量均具有羽片>地下茎>叶柄>根状茎;既能在土壤砷含量较低的情况下富集大量的砷,也能在土壤含砷量很高的情况下正常生长,且富集大量的砷。在土壤含砷量为 135 mg/kg 时,粉叶蕨羽片、叶柄和根的含砷量分别为 8 350 mg/kg、150 mg/kg和88 mg/kg。宋书巧对广西南丹县境内砷严重污染区蜈蚣草生物量的分析,单个蜈蚣草叶片高可达140 cm,单片叶片鲜重可达33 g,干重6.6 g,在生长茂密的地方,每平方米面积上可以有这样的叶片 120 片左右,也就是说,每公顷蜈蚣草干重可达 8 t 左右,地上部分含砷量为700~800 mg/kg,通过收割地上部分,每年可从每公顷的土层中清除 6 kg 左右砷。而对于一般污染较轻土壤来说,比如说土壤砷含量在 50 mg/kg,按土层厚 30 cm,土壤容重 1.2 g/cm³ 计算,则每公顷含砷量为 120 kg,与 40 mg/kg 的土壤环境标准相比,超标 24 kg,则仅需要 4 年左右时间就可以使土壤砷含量降到土壤环境标准值(40 mg/kg)以下。而粉叶蕨每年可从每公顷土壤中清除砷 40 kg。对于砷污染较轻的土壤,只要种植 1~2 次粉叶蕨就可以使土壤砷污染降到环境标准值以下。因此,利用砷超富集植物对砷污染土壤进行植物修复是科学可行的。

6.1.2.3 基于固化法的植物修复技术

基于固化法的植物修复技术借助植物根系中分泌出的化学物质,实现对土壤中砷的吸附、固化、沉淀,限制其自由度并增强稳定性,从而降低砷对土壤中微生物、养分、酶等组成物质的破坏,达到保护土壤性质和质量的目的。在某些尾矿区,砷的浓度非常高,植物提取并不是修复土壤的最佳选择,这种条件下植物稳定更加合适。利用耐重金属植物或超富集植物降低重金属的活性,从而减少重金属被淋洗到地下水或通过空气扩散进一些污染环境的可能性。如根系分泌物能改变土壤根际环境,使砷的价态和形态发生改变,影响其毒性效应。植物的根毛可直接从土壤交换吸附重金属增加根表固定。适合植物固定的植物有 *E.cladocalyx F.Muell.*、*E.viridis R.T.Baker*、*E. polybractea R.T.Baker* 以及 *E.melliodora Blakely* 等,*E.cladocalyx* 是最有潜力用来植物固定砷的植物。有研究表明,在砷污染土壤中种植黑麦草(*Lolium perenme var.* Elka),添加针铁矿可以提高生物量,但铁氧化物的状态对降低 As 的生物可利用性有较大影响。

基于固化法的植物修复技术是通过化学物质来达到固化、沉淀污染物的作用效果,这只能从物理方面达到土壤修复,并不能有效地降低砷在土壤中的含量。因此,如果植物分泌受到限制或是土壤重金属污染程度过高,都将破坏该种修复技术的作用效果,故该方法存在局限性。

6.1.2.4 基于挥发法的植物修复技术

基于挥发法的植物修复技术是植物将土壤中的砷吸收到体内后,通过自身的化学生物过程,将体内的砷催化反应成气态挥发性物质,并释放到大气环境中去,以此来实现砷污染物从土壤释放的过程。该方法虽可以将土壤中砷污染物浓度降低,但释放到大气中可能存在大气砷污染的风险,具有较大的局限性。

6.1.2.5 基于转基因的植物修复技术

利用基因工程技术,筛选、培育可以吸收土壤中砷的转基因植物。Ghosh 等从细菌中克隆出基因 *arsC*(砷酸还原酶)和 *γ-ecs*(谷氨酰半胱氨酸合成酶)。将细菌的砷还原酶基因 *arsC* 和谷氨酰半胱氨酸合成酶基因 *γ-ecs* 同时转入拟南芥植株中,得到了砷高耐受和高积累的转基因植株。Vassil 等从细菌中克隆出的基因 *cal2*,采用转基因技术构建目标植物芸苔,使砷的积累量提高 2 倍。Dhankher 等将 *arsC* 转入拟南芥,在光诱导的特异性启动子作用下,基因只在拟南芥的叶部表达,可以促进 AsO_4^{3-} 向上运输,使叶部积累更多的砷,有利于污染土壤的修复。虽然转基因植物为植物修复砷污染土壤开辟了新途径,但对其安全性和可能存在的风险必须给予充分的关注。

6.1.3 微生物修复

微生物不仅种类繁多,数量极大,对环境适应能力强,而且繁殖迅速,比表面积大,能够降解环境中的污染物质,或者改变污染物的化学价态和毒性水平。由于微生物在去除土壤重金属方面具有经济效益高和对环境友好的潜在优势,目前正在被大范围试用。微生物修复是借助微生物自身的特殊能力,实现对土壤砷元素的分解来达到降低土壤的砷含量。土壤中存在的砷可以通过微生物对砷的氧化还原、吸附解吸附、甲基化去甲基化、沉淀溶解等作用影响其生物有效性,进而达到降低土壤中砷的毒性、修复或调控砷污染环境的目的。某些自养细菌能使砷氧化,使亚砷酸盐氧化为砷酸盐;一些异养型微生物也参与将三价砷氧化成五价砷的转化,降低砷的毒性,从而具有潜在的修复效果;格鲁德夫(1999)研究发现嗜酸的硫铁氧化杆菌和厌氧的硫酸还原杆菌分别将土壤中的砷以硫化物的形式转移和沉淀下来,从而达到降低砷的有效性的目的。但是,此方法受到目标微生物数量、种类及生长周期的影响,且由于目标微生物吸收转移的选择性及受环境因素的影响较大,使这种修复方法在治理复合污染土壤时存在局限性。

微生物修复技术是利用土壤中某些微生物对砷的氧化还原、吸收、沉淀等作用,以修复砷污染土壤。微生物修复包括生物吸附和生物氧化还原两方面。微生物可通过带电荷的细胞表面吸附重金属离子,或通过摄取必要的营养元素主动吸收重金属离子,将重金属离子富集在细胞表面或内部,如大肠杆菌(*E.coli*)K12 细胞外膜能吸附 30 多种金属离子,生物吸附重金属是一个复杂的过程,受 pH、金属离子的初始浓度、共存离子等许多因素影响。生物氧化还原是利用微生物改变重金属离子的氧化还原状态进而改变土壤重金属离子价态及活性。利用微生物使亚砷酸盐氧化,是最具潜力的生物修复系统。某些自养细菌如硫铁杆菌类(*Thiobacillus ferrobacillus*)、假单孢杆菌(*Pseudomonas*)能使 As(Ⅲ)氧化,使亚砷酸盐氧化为砷酸盐,从而降低了砷的毒性。无机砷化合物在微生物作用下,会发生砷的甲基化。此外,土壤中还存在着脱甲基的微生物,甲基砷脱甲基形成无机砷或转化为砷化氢,进而改变砷的毒性。

砷污染土壤的微生物修复主要有微生物降解、转化、挥发和固定等。在生物需氧条件下,采用微生物去除具有较高砷浓度的金矿土壤中砷,在合适 pH 和氧化还原电位下、经 70 d 的繁殖期内,砷去除率达到 41%。在厌氧条件下,*Geospirillum rsenophilus* 和

Chrysigenes arsenatis 等微生物可以还原 As(V)为 As(Ⅲ),促进砷的淋溶。嗜酸的硫铁氧化杆菌等微生物使这些污染物由表土层转移到较深的亚表层土壤,而厌氧的硫酸还原杆菌等将这些污染物又以相对难溶的硫化物沉淀下来。微生物的挥发作用可以使土壤中砷转化为气态砷化物挥发到大气中,从而降低土壤砷含量。增加土壤中砷甲基化细菌 *Penicillium sp.* 和 *Ulocladium sp.* 的生物量可以显著提高砷污染土壤中砷的甲基化进程,但微生物挥发砷的速率与土壤中砷含量成正比,且土壤含水量过高或过低都不利于土壤中微生物对砷的挥发。目前已经分离出砷霉菌等 10 个系的异养细菌能使无机态砷化物转化为有机态砷化物和砷化氢逸出土壤,从而达到消除土壤中砷的目的。然而,砷从土壤中逸出后的去向、影响与归属是一个需要密切关注的问题。图 6-1 所示为不同处理下土壤浸出液中砷含量随时间的变化情况。

生物修复技术尤其是植物修复技术与传统的物理、化学技术相比具有技术和经济上的双重优势,其修复效果好、投资省、实施简便、不产生二次污染问题,是一种廉价、高效且对环境友好的土壤污染治理方法。但是生物修复技术对土壤的要求如盐度、酸碱度、排水、通气等均有一定的要求,并且植物会通过落叶、腐烂等途径使重金属重返土壤。

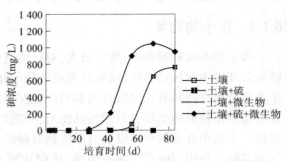

图 6-1 不同处理下土壤浸出液中砷含量随时间变化情况

6.1.4 化学修复

化学修复方法主要包括电化学修复、土壤淋溶修复以及钝化修复方法。

6.1.4.1 电化学修复

电化学修复技术是指借助土壤自身的导电性,通过对受到砷污染的土壤施加一定的电流,使土壤中的砷在外加电场作用下发生定向迁移,在两端点基础富集,从而降低土壤中砷含量,达到砷污染土壤修复的方法。

电化学修复技术的导电性能够高效地除去污染土壤中的砷元素,Brewster 等(1994)用铁板作阳极,根据电解产生的亚铁离子经氧化后可产生水合铁氧化物,砷能和水合铁氧化物共沉淀以去除砷污染物。电化学修复技术与其他砷污染土壤相比,具有性价比高、效果好、能耗小等诸多优势,但是,由于该技术尚处于发展完善阶段,在治理过程中仍然存在许多不足和缺陷。例如在通电过程中,为了保持砷离子能够更好地溶解和运动,必须相应调高土壤的溶解性能和导电性能,这就需要向土壤中加入适量的酸来改变土壤的 pH 值,而这将导致土壤的酸化污染。在向土壤中加入酸性溶液的同时,还需要加入适量的去极化剂,以防止电极出现极化现象。而去极化剂因为本身属于化学试剂,会与土壤中的成分发生不同的化学反应,这将会导致土壤的某些成分缺失或变质,造成土壤的污染。在砷污染土壤的电化学修复过程中,土壤的温度会随着内部电压的升高而不断升高,较高的温度会使土壤中有机质发生变质,降低酶的活性,还会杀死土壤中的部分微生物,对土壤环境造成极大的损害。

6.1.4.2 化学淋溶修复

化学淋溶修复是借助化学淋溶剂对土壤进行淋溶而降低砷有效含量的土壤修复方法。化学淋溶修复主要有以下几种类型：

1.无机淋溶剂修复

无机淋溶剂修复是指采用成本较低的无机类酸、碱以及无机盐类淋溶剂溶液，通过酸、碱溶液与砷元素之间的离子交换作用等化学反应，将土壤中残留的重金属离子溶解到无机溶液当中，实现污染元素的去处，然后将淋溶液重新收集，将重金属元素提取，可实现淋溶液的重复利用以及重金属元素的回收。

无机类淋溶剂由于多是无机酸、碱类溶液，成本低，可以实现淋溶液的回收利用，同时对于砷元素的去除效果优良，是一种较佳的砷污染土壤修复方式。Tokunaga 等（2002）在含砷量为 2 830 mg/kg 的人工砷污染土壤上，用不同浓度的 HF、H_3PO_4、H_2SO_4 和 HCl 等酸淋溶，结果表明在 9.4% H_3PO_4 浓度下，6 h 后砷的提取量达到 99.9%，是砷最良好的提取剂。但是无机类淋溶剂修复方式也存在着很多大的缺陷，例如在进行淋溶的过程中，由于要溶解土壤中含有的重金属元素，要求土壤始终保持中度酸性，这就要求向土壤中加入酸性溶液，而酸性溶液的加入会导致土壤酸性的急剧增加，造成土壤的某些组成成分与酸性溶液发生反应而变质，破坏土壤的养分和酶类等组成部分，严重时可导致土壤无法进行作物的栽培。同时，在淋溶过程中的淋溶液流失也会造成土壤的二次污染。以上缺陷限制了无机化学淋溶在砷污染土壤修复领域的推广应用。不同酸淋溶下砷污染土壤中砷的提取效果如图 6-2 所示。

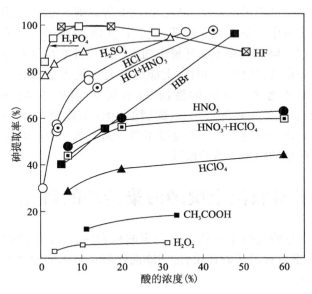

图 6-2 不同酸淋溶下砷污染土壤中砷的提取效果

2.螯合剂修复

螯合剂作为一种活化剂，可以促进土壤栽培植物对于砷的吸收和累积，从而降低砷在土壤中的浓度，实现对砷离子的去除，达到对土壤的修复效果。

螯合剂一般可以分为两种类型：人工螯合剂和天然螯合剂。由于合成工艺复杂，人工螯合剂和天然螯合剂的价格都很昂贵，采用螯合剂进行砷污染土壤处理的成本极高。同时，对于人工螯合剂，在淋溶过程中容易有少量残留在被处理土壤中，这将造成土壤的再次污染，仍需进行后续处理。对于天然螯合剂，虽然具有良好的天然降解能力，淋溶过后不会造成任何污染，但是其自身极为昂贵的价格，导致无法在大规模的砷污染土壤修复工程中推广使用。这些都限制了螯合剂修复方法的应用。

3.表面活性剂修复

表面活性剂是一种表面性能活化剂，能够通过自身在物质表面聚积改变其亲水或亲油性能，促使其表面张力变小，从而改善该物质在溶液或其他载体中的分散性。亲水和憎水基团是表面活性剂的分子结构的重要组成部分。亲水基团一般是极性的，而憎水基团多为非极性烃链。

由于自身结构和性质的特性，表面活性剂应用于砷污染土壤修复已成为重金属土壤修复技术领域的又一热点。但是在表面活性剂应用的同时，也存在以下两个问题亟待解决：表面活性剂在进行化学淋溶的过程中，在活化土壤中砷离子的同时，还有可能引起土壤中其他污染元素的迁移，这可能造成污染物的转移，造成更加严重的环境污染后果。现今普遍使用的表面活性剂多含有复杂的有机化学成分，在淋溶过程中会引起土壤残留，会造成土壤的再次污染，增加土壤的毒性。因此，对于表面活性剂的应用还需要更加深入的研究和试验，保证表面活性剂修复技术的环保性及安全性。

6.1.4.3　钝化修复

化学钝化技术是一种简单、快捷的修复方法，其原理是向土壤中添加一些改良剂，调节和改变重金属在土壤中的物理化学性质，使其产生沉淀、吸附、离子交换、腐殖化和氧化-还原等一系列反应，降低其在土壤环境中的生物有效性和可迁移性，从而减少这些重金属元素对动植物的毒性，从成本和时间上能更好地满足重金属污染土壤的治理要求。现今普遍使用的土壤钝化剂主要有：碱性物质（石灰、粉煤灰、硅肥、碳酸钙等）、磷酸盐（磷矿石、羟基磷灰石、磷酸氢钙等）、沸石、膨润土、金属氧化物等。这些材料被认为能够有效降低土壤中重金属的活性。钝化修复技术具有造价低、时间短、方法简单等优点，而且适用于大面积中低度砷污染土壤的修复。

6.2　联用技术对农田土壤砷污染治理的研究

单一的砷污染土壤修复技术往往具有一定的局限性，对于复杂的农田环境，需要多种修复技术联用，才能发挥最佳的作用，达到既能保障正常的农业生产和农民增收，又能保障食品安全的目的。

6.2.1　化学-微生物联合调控技术

化学-微生物联合调控技术即在砷污染土壤中同时施用化学钝化剂及砷耐性菌株的方法来修复砷污染土壤。刘云璐（2013）从矿区土壤中筛选出对砷具有累积和挥发功能的高耐砷真菌棘孢木霉和化学钝化剂为基础，开展污染土壤中砷生物有效性调控研究，揭示耐砷菌进入土壤后导致土壤砷生物有效性及结合形态变化的影响,同时探讨耐砷菌影响下土壤微生物群落的变化,探讨农田砷污染土壤生物化学调控效应,并初步建立相应的技术模式。结果表明,化学调理剂+菌的处理下,土壤水溶液态砷含量及有效砷含量均显著降低;从对高风险农田砷生物有效性调控的效果看,化学调理剂+菌的处理有效砷含量均显著低于对照土壤,菌的加入可在一定程度上导致土壤砷的活化,该处理对小油菜的生物量影响不显著,小油菜植株砷浓度均显著降低。该方法可作为污染土壤砷生物有效性调控及高砷风险农田安全利用的可行途径。不同调控措施下土壤有效砷含量及植物吸收砷的含量如图 6-3、图 6-4 所示。

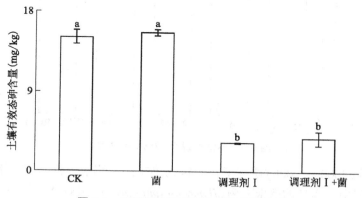

图 6-3　不同调控措施下土壤有效砷含量

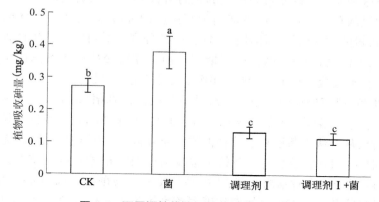

图 6-4　不同调控措施下植物吸收砷的含量

6.2.2　微生物-超富集植物联合调控技术

实际场地修复过程中常常采用以微生物-植物联合修复为主,加以农业生态措施、物理化学手段,促进微生物活性、植物生物量,增加砷的生物有效性,从而提高联合修复的综合效率。研究证明,菌根真菌对蜈蚣草进行侵染能显著提高蜈蚣草地上部分的生物量,增加蜈蚣草对砷的吸收和富集。曾东等(2010)筛选出能提高蜈蚣草吸收砷能力和促进砷向上转移的抗砷菌,提高蜈蚣草根系对砷污染胁迫的抗性。冯仕江(2016)的研究结果表明蜈蚣草和菌株 RC6b 均能有效去除土壤中二苯砷酸(DPAA),有效恢复土壤微生物群落功能多样性和整体微生物活性,促进土壤生态环境的恢复,且菌株 RC6b 能有效促进蜈蚣草对土壤中 DPAA 的吸收,菌株 RC6b-蜈蚣草联合修复效果更佳。图 6-5 所示为不同处理中 DPAA 的含量。

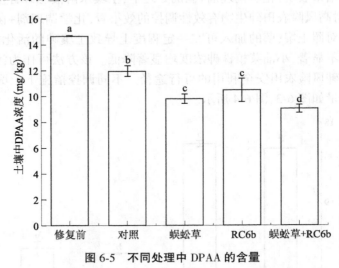

图 6-5　不同处理中 DPAA 的含量

　　Sharples 等(2000a,2000b)研究了 Cu、As 污染矿区土壤中生长的歇石南属植物(*Calluna vulgarix*)根中分离到的菌根真菌(*Hymenoscyphus ericae*)吸收 As 及其解毒的机制,发现来源于污染区和非污染区欧石南丛生的荒野分离到的菌根真菌对 As 的耐性、解毒及吸收磷酸盐的机制有很大差异,前者能耐很高浓度的砷酸盐,并很快在体内转变为亚砷形态,且能在较短的时间内排出体外;后者耐 As 的程度很低,且 As 排出体外的速度为前者的 1/6 以下,因而具有较低的解 As 毒能力。两者在磷酸盐存在下,对 As 的吸收都受到抑制;反之,在砷酸盐存在下,磷酸盐的吸收也同样受到抑制。

　　Liu 等(2005)研究外加两种浓度砷酸钠下丛枝菌根真菌(*Glomus mosseae*)对蜈蚣草吸收 As 的影响,结果表明菌根真菌增加了 As 的总吸收量,在高 As 条件下植物叶中具有更高的 P/As 比,从而认为菌根利于接种的蜈蚣草在高 As 污染地存活;而无菌根真菌存在时,蜈蚣草羽叶中 P/As 比较低。丛枝菌根真菌(AMF)能增加蜈蚣草对砷的富集。在含砷 300 mg/kg 的土壤上种植蜈蚣草,当根系上接种丛枝菌根真菌(*Glomus mosseae*)后,蜈蚣草中砷累积量提高了 43%。他们从不同角度评价了菌根真菌对 As 的反应;前者从菌根真菌自身对 As 的耐性和解毒机制方面,表明了 Cu/As 污染地的菌根真菌本身能把 As 排出体外的解毒机制;而后者说明了菌根真菌有助于减少植物吸收 As。然而,不同源的菌根真菌都是自身先吸收 As,然后把 As 的化合物排出体外以吸收更多的磷酸盐并传递给植物,减少了植物吸收砷酸盐的量,这两者间是否存在同样的作用机制,还需要进一步研究。

　　Gonzalez-Chavez 等(2002)对耐 As 植物绒毛草(*Holcus Lanatus L.*)接种 As 污染矿区和非污染区分离到的丛枝菌根真菌(*Glomus mosseae*)后,发现来自矿区的丛枝菌根真菌能显著提高该植物的耐砷酸盐特性,并降低了对砷酸盐的吸收量。与 Liu 等报道的结果存在差异,可能与选用的耐 As 和超富集 As 植物及其生长介质土壤中添加和不添加 As 有关。对于丛枝菌根在植物修复 As 污染土壤中的作用可能主要表现在以下几个方面：①接种丛枝菌根真菌后利于植物在含高 As 的生长介质中存活,并降低了植物吸收的 As 浓度;②有利于植物生物量的提高,并认为与菌根的存在可能提高了植物吸收的 P 量有关,从而"稀释"了植物体内 As 所占的比例。

菌根真菌在自然生态系统中或作物生长中广泛存在,丛枝菌根真菌通过扩大植物根系的吸收面积以促进植物对土壤水分和矿质元素的吸收,提高植物的抗逆性,从而增加根系和地上部分生物量,丛枝菌根真菌可以提高植物对土壤中重金属的耐受吸收和积累能力。Liu 等(2005)研究表明丛枝菌根真菌(*Glomus mosseae*)能够增加蕨类植物蜈蚣草(*Pteris vittata*)羽叶的干物质量,减小根/叶比例,羽叶中砷浓度增加33%~38%,在菌根真菌存在情况下,高浓度砷污染土壤中蜈蚣草羽叶中 As 含量与对照相比增加43%。不同砷添加量下蜈蚣草叶(a)和根(b)中砷的含量如图 6-6 所示。

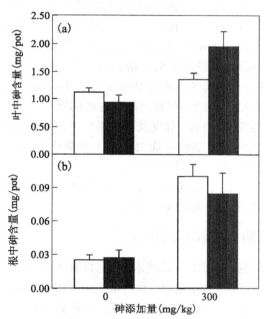

图 6-6　不同砷添加量下蜈蚣草叶(a)和根(b)中砷的含量
(空白条柱代表没接种菌根,黑色条柱代表接种菌根)

研究表明,植物根系接种丛枝菌根真菌,根际土壤 pH 升高。而接种丛枝菌根真菌可以促进土壤中 As(V)的解吸,减少 As(Ⅲ)的解吸,有利于土壤中 As 以绝对比例量为 As(V),而这种形态的 As 是植物吸收的主要形态。近年来的研究结果表明,生长于砷污染土壤中的植物也趋于形成菌根,且丛枝菌根真菌可提高它们的抗砷能力,如增强三叶草、黑麦草和玉米对砷的耐性。此外,抗砷菌在一定程度上能够刺激蜈蚣草的生长,尤其是根内筛选抗砷菌明显提高了蜈蚣草的生物量。其中,E、G 抗砷菌可以增强蜈蚣草对砷的吸收能力,促进砷由蜈蚣草地下部分向地上部分转移,减轻蜈蚣草根系质膜的氧化损伤,提高蜈蚣草根系抗砷胁迫的能力。对 E 抗砷菌进行鉴定,该菌属于半知菌纲;丛梗胞目,丝核菌属(*Rhizoctonia sp.*),为内生菌根菌,该菌可产生类似赤霉素的活性物质,从而促进植物生长。不同处理下蜈蚣草各部位砷浓度含量如图6-7所示。

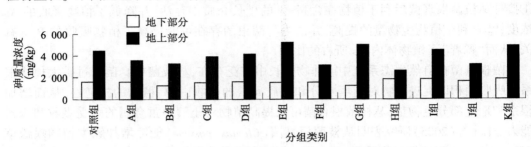

图 6-7   不同处理下蜈蚣草各部位砷浓度含量

上述结果表明,在砷污染土壤修复中将植物修复与菌根技术联合起来具有较大应用前景。在黑麦草的种植过程中,通过施加15%(其中铁和锌的含量分别为5%)的堆肥,黑麦草中砷的浓度降低到 2 mg/kg(干重),少于总砷量0.01%的砷被植物摄取。连续提取试验表明,在所有堆肥处理的土壤中,溶解砷的比例有下降的趋势。扫描电镜和 X 射线衍射结果表明,砷大部分分散在铁离子的晶格和氧分子之间。

微生物植物联合修复具有传统物理化学修复无法比拟的优点,是目前理论研究和技术开发的热点,但联合修复技术仍存在着尚待完善的问题:

(1)联合修复受土壤温度、深度、湿度及养分条件等环境因素影响大;

(2)外源微生物引入污染土壤后可能会受到土著微生物的竞争或不适应环境,从而影响其对植物的作用或对污染物的降解效果;

(3)对于条件过于恶劣的环境或污染过于严重的土壤,生物体不适宜在其中生存,则需要通过非生物方法与生物修复进行联合修复。

6.2.3   土壤淋洗–植物提取联合调控技术

淋洗技术是修复砷污染土壤的有效技术之一,具有效率高、周期短、工艺过程简易等优点,但存在成本高、渗滤液难收集处理、易造成二次污染、淋洗效率随着土壤污染物浓度的降低而降低、受土壤质地的限制性强等问题。植物修复技术具有生长快、分布广、适用性强、成本低、二次污染可控性强等优点,可在一定程度上弥补淋洗技术的缺陷。将土壤淋洗技术与植物提取技术联合,可兼顾两种技术的优点,达到更好的效果。

王建益(2013)使用土壤淋洗–植物提取联合调控技术处理砷污染土壤,结果发现,经过 30 d 的修复,蜈蚣草+10% KH_2PO_4 淋洗处理对砷的去除效果最佳,土壤砷的去除率达44.5%,蜈蚣草地上部与地下部砷含量分别提高了 6.8 倍和 3.2 倍,单株生物富集量提高了 5.4 倍;蜈蚣草淋洗处理有助于土壤砷的淋洗与植物富集,并使土壤松散结合态砷、铝结合态砷和铁结合态砷的比例分别增加11.7%、7.2%和4.5%,钙结合态砷比重与残渣态砷比重分别减少 22.8%和1.1%,土壤淋洗–植物提取联合调控技术使土壤水 pH 由酸性逐渐变为碱性,并提高了被淋洗土层土壤水的氮、磷、钾含量。不同处理下砷污染土壤砷浓度及砷形态与百分比如图6-8、图6-9所示。表6-4所示为蜈蚣草对砷富集情况。

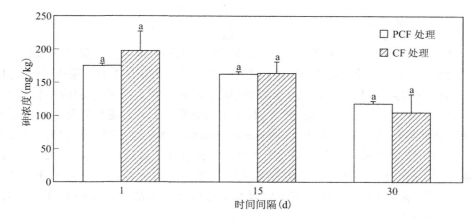

图 6-8　不同处理下砷污染土壤砷浓度

（PCF：蜈蚣草+10% KH_2PO_4 淋洗处理，CF：10% KH_2PO_4 淋洗处理）

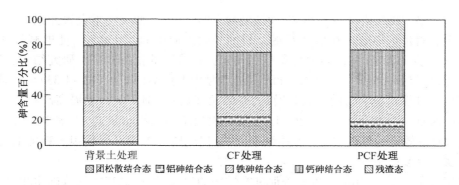

图 6-9　不同处理下砷污染土壤砷形态与百分比

（PCF：蜈蚣草+10% KH_2PO_4 淋洗处理，CF：10% KH_2PO_4 淋洗处理）

表 6-4　蜈蚣草对砷富集情况

编号	生物量（g）		砷浓度（mg/kg）		累积量（μg）
	地上部	地下部	地上部	地下部	总量
对照	12.52	13.72	14.7	9.24	0.31
	±3.12	±4.76	±2.56	±2.28	±2.28
PCF	11.82	16.45	114.52	38.57	1.98
	±3.12	±3.12	±3.12	±3.12	±3.12

6.3　农业生态修复

　　农业生态修复是因地制宜地改变某些耕作管理制度或在污染土壤上种植不参与食物链循环的植物，减轻砷污染的健康危害，农业生态修复主要措施如下。

6.3.1 改变土壤 pH

土壤的酸碱度对土壤中 As 的生物有效性、形态和毒性都有非常明显的影响。吸附态 As 向溶解态 As 的转化也与土壤 pH 有关。一般来说，在 pH<7 的范围内，随着 pH 的升高，As(Ⅲ)的吸附量逐渐增加，As(Ⅴ)的吸附量逐渐降低。在不添加磷的情况下，黄壤、红壤和褐土对 As 的吸附能力随土壤 pH 的升高而降低，随土壤黏粒含量的降低而减弱，其吸附能力为黄壤>红壤>褐土。Tokunaga 等(2002)研究了土壤 pH 与砷总量及有效态含量的关系，土壤对砷的吸附量对 pH 的变化呈抛物线形变化。在 pH 为 2~7 的范围内，土壤对砷的吸附能力较强；在 pH 为 4 左右时，吸附量最大；当 pH>10 或 pH<1 时，土壤颗粒对砷的吸附量很少，土壤中砷主要以水溶态存在。因此，当控制 pH 在 4 左右时，作物对砷的吸收最小。

6.3.2 磷肥调控

影响土壤中砷形态的因素很多，大量试验表明，磷可促使一些重金属元素沉淀，从而降低重金属对植物的危害和植物对重金属的吸收。使用 $Ca(H_2PO_4)_2$ 能够减轻或防治 As(Ⅲ)对小麦的毒害，其机制主要基于 P(Ⅴ)与 As(Ⅲ)的拮抗作用。研究结果表明，以 $Ca(H_2PO_4)_2$ 防治 As(Ⅲ)毒害的最佳浓度配比为 P(Ⅴ):As(Ⅲ) = (1~1.33):1。磷肥适量施用可促进蜈蚣草生物量的显著增长，磷肥尤其是 $Ca(H_2PO_4)_2$ 能提高砷超富集植物蜈蚣草的修复能力，当施磷量为 200 kg/hm² 时蜈蚣草砷累积量最高，土壤中砷含量下降 5%，土壤修复效率达到 7.84%。上述结果说明，优化磷肥施用可以在很大程度上提高砷污染土壤的修复效率。

在田间条件下，施用磷肥可显著促进蜈蚣草的生长发育，提高蜈蚣草砷累积量；过量施用磷肥并没有进一步提高生物量，反而有使砷的累积量下降的趋势。砷污染土壤施磷肥后的植物生长发育和元素吸收因植物种类和介质等因素而异。研究认为，由于离子交换作用，磷酸盐促进土壤中的砷释放，但对于污染土壤上的植物生长影响并不明确，或者减少生物量，或者无影响，或者增加生物量。至于过多施用磷肥导致蜈蚣草地上部砷含量的下降，推测其可能原因有二：一是施用磷肥使土壤水溶液中磷含量过高，磷酸盐与砷酸盐在根部竞争吸附位，抑制砷酸盐的吸收；二是根部累积过高的磷酸盐可能会抑制砷由根部向地上部转运。不同磷肥处理对蜈蚣草地上部生物量(A)和砷磷含量的影响(B)如图 6-10 所示。

6.3.3 有机肥调控

研究表明，有机肥对砷的吸收有影响，在正常施肥条件下(即施用氮、磷肥)，配合施用有机肥能促进砷对水稻总分蘖数、有效分蘖数、株高和籽粒产量的抑制作用。在土壤中添加有机质显著影响了土壤中砷的形态，尤其是可挥发的砷形态。当水稻土中添加酒槽和苜蓿等有机质时，土壤溶液中 As(Ⅲ)分别提高了约 30 倍和 10 倍，并伴随大量的挥发砷产生。因此，在农业生产中，砷污染土壤中施用有机肥要谨慎。

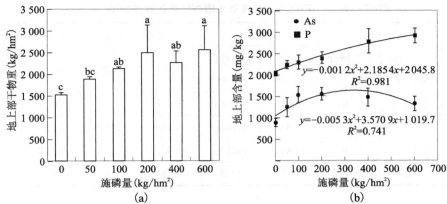

图 6-10　不同磷肥处理对蜈蚣草地上部生物量(a)和砷磷含量的影响(b)

6.3.4　控制土壤水分

　　土壤水分含量增加时,砷可由毒性低的 As(V)转化为毒性高的 As(Ⅲ),保持土壤 Eh 在 0.2 V 以上,可防止土壤中 As(Ⅲ)的生成。因此,在砷污染的土壤上,控制土壤水分,保持一定的土壤氧化还原电位,以减少砷对植物的危害。

　　土壤持水量对土壤水分和氧的供给影响很大,而后者对植物和微生物的正常生长发育均起到十分重要的作用。在极干旱(土壤含水量低于 40%)情况下,蜈蚣草地上部的砷浓度虽然很高,但由于生物量较小,修复效果并不好;土壤水分过多(土壤含水量高于 80%),蜈蚣草生长也不好;在 50%~60%的土壤水分范围内,蜈蚣草地上砷浓度虽低但生物量大,砷富集量也大,因此这是植物修复实践中最佳的土壤含水量。水分对蜈蚣草富集砷的影响是通过蜈蚣草的吸收功能实现的,当土壤含水量为 50%~60%时,土壤可交换砷和可溶性砷浓度最小,说明此时蜈蚣草对砷有最大的吸收。不同砷和水分处理对蜈蚣草地上部和根部砷富集量的影响如图 6-11 所示。不同水分处理对土壤中砷存在状态的影响如表 6-5 所示。

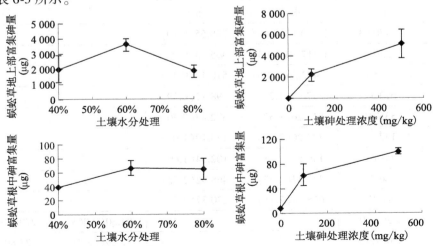

图 6-11　不同砷和水分处理对蜈蚣草地上部和根部砷富集量的影响

表 6-5　不同水分处理对土壤中砷存在状态的影响

水分处理	处理前		处理后		可交换砷（mg/kg）		水溶性砷（μg/kg）	
	可交换砷（mg/kg）	水溶性砷（μg/kg）	可交换砷（mg/kg）	水溶性砷（μg/kg）	As（Ⅴ）	As（Ⅲ）	As（Ⅴ）	As（Ⅲ）
40%	227.27a	4870a	44.63b	21.06b	41.63b	3	20.72b	0.34
60%	323.27b	6390b	41.54a	11.47a	39.19a	2.35	11.27a	0.2
80%	484.06c	7350c	40.80a	18.59b	38.45a	2.35	18.29b	0.3
平均	344.9	6203.3	42.3	17.0	39.8	2.6	16.8	0.3

6.3.5　改变作物种类

污染土壤的"土宜"问题应该受到特别关注。在砷污染土壤上，应避免栽种蔬菜、粮食等易进入食物链的作物，可改种苎麻或栽种树木等不进入食物链循环的植物。在砷污染区土壤上种植玉米、水稻、花生等 22 种可食用植物的试验表明，同种植物含砷量与其所在土壤含砷量成正比；植物不同部位含砷量的分布一般是根>叶>茎>果。因此，可以在砷污染的土壤上种植不富集砷或可食部位 As 含量低的作物，以减轻 As 向作物中转移，防止砷进入食物链。如水稻对砷的富集也主要在根部，在水稻糙米中只占 0.03%。植物的生长周期也需要考虑，有的随着生长期的延长，吸收的砷量增加；有的则下降。例如，江苏盱眙何首乌基地 1 年生和 2 年生何首乌块根中砷含量平均值分别为 0.32 mg/kg 和 0.20 mg/kg，呈下降趋势，可能是何首乌对砷的富集具有特殊的机制，但尚需进行深入研究。矿区污染土壤及植株样品中砷含量如表 6-6 所示。砷对油菜株高和干重的影响如表 6-7 所示。

表 6-6　矿区污染土壤及植株样品中砷含量（mg/kg）

采样点	土壤（mg/kg）	蜈蚣草		五节芒	
		羽片	茎秆	羽片	茎秆
1	2 470.93	1 010.17(0.41)	248.55(0.10)		
2	2 250.64	1 417.90(0.63)	495.23(0.22)		
3	1 715.12	1 482.56(0.86)	510.17(0.30)		
4	673.12	827.94(1.23)	398.12(0.59)		
5	535.04	813.26(1.52)	372.43(0.70)		
6	137.13	322.26(2.35)	143.19(1.04)		
7	60.11	146.87(2.43)	102.34(1.69)		
8	166.31	723.44(4.35)	468.92(2.82)		
9	89.71	668.34(7.45)	230.37(2.57)		
10	1 293.60			84.30(0.065)	279.07(0.22)
11	1 057.43			77.19(0.073)	327.80(0.31)

注：括号中的数值为富集系数。

表 6-7 砷对油菜株高和干重的影响

土壤 As 含量 (mg/kg)	湘杂油 15 号		湘杂油 1 号	
	株高（cm）	干重（g）	株高（cm）	干重（g）
对照	23.4±0.1	5.63±0.08	24.5±0.1	6.03±0.07
7.86	34.6±0.3	5.79±0.05	25.6±0.2	5.88±0.05
8.53	24.5±0.1	5.64±0.03	25.2±0 3	6.25±0.04
9.56	25.9±0.2	5.86±0.04	27.0±0.5	6.11±0.04
18.74	18.2±0.4	4.01±0.06	19.8±0.1	5.35±0.05
108.59	14.6±0.1	3.22±0.03	16.4±0.2	4.09±0.02
208.83	11.2±0.2	2.97±0.02	12.3±0.3	3.43±004

复合植物系统可以有效提高修复效率。利用蜈蚣草、五节芒（累积吸收砷）和油菜（耐砷毒害）组成人工生态系统修复砷污染土壤，在砷含量小于 108.59 mg/kg 的土壤中，油菜能正常生长，利用蜈蚣草和五节芒富集特性，可以有效修复砷污染土壤。

第7章 总结与展望

7.1 总 结

本书通过盆栽实验研究了营养元素添加剂及钝化剂这两大类不同的添加剂对砷污染土壤中三七各部位砷富集及转运的影响,并且研究了这些添加剂对砷胁迫下三七生长的影响以及相关机制,同时研究了在钝化剂处理下三七根际土壤中砷的赋存形态的变化,探讨了三七根中砷含量与不同形态砷含量变化之间的关系。此外,还研究了不同添加剂对砷胁迫下三七根中主要药效成分皂苷含量的影响,初步研究了砷胁迫下添加磷、零价铁对三七根中4种主要药效成分关键酶基因表达量的变化及与皂苷含量之间的相关性,以期找出可以降低三七砷污染并且保障三七药效品质的最佳添加剂。主要得到了以下结论:

(1)磷、硫、硅、零价铁、沸石、硅胶、硅藻土添加剂均能显著降低砷污染土壤中三七根部砷含量,显著降低根对砷的富集能力,并可在一定程度上显著促进砷由地下部分到地上部分的转运。成熟期对降低三七砷富集作用最好的是2%的硅胶处理,其次是1.5%的沸石处理。此外,施加磷、硫、硅均提高了三七根部甲基砷含量和五价砷含量,降低了三价砷含量,且50 mg/kg硅处理使甲基砷含量增加最多,有利于降低三七中砷对人体的毒性。

(2)零价铁、沸石、硅胶、硅藻土对土壤pH影响幅度不大,成熟期时均促进了根际土壤中非专性吸附态或专性吸附态砷向残渣态砷的转化,降低了土壤中砷的有效性。同时,相关性分析结果表明,沸石及硅藻土处理下,三七根中砷含量与土壤中有效态砷含量呈显著正相关,说明三七根中砷含量降低主要是由于土壤中有效态砷含量的降低。

(3)生长旺盛期,零价铁、沸石、硅胶、硅藻土均可缓解砷对三七的膜脂过氧化胁迫,零价铁、沸石可提高SOD酶活性,降低POD酶活性;硅胶同时提高了SOD、POD酶活性;而硅藻土使SOD酶和POD酶活性都降低。

(4)高剂量的磷、硫、硅处理会显著降低生长旺盛期三七根部生物量;零价铁、沸石使两个时期三七根部生物量都增加,硅胶、硅藻土仅使成熟期三七根部生物量提高。生长旺盛期,磷、硫、硅均使三七根中总皂苷含量升高;而零价铁、沸石、硅胶、硅藻土在成熟期时增加三七根中总皂苷含量,且2%的硅胶处理下三七总皂苷含量最高。此外,相关性分析显示,磷处理可能通过促进P450关键酶基因的表达而提高三七皂苷含量。

（5）从降低砷富集的效果、对三七生长以及对三七皂苷含量影响几方面综合考虑，2%的硅胶处理最适合用于降低砷污染土壤三七对砷的富集，其次是1.5%的沸石，含有钠盐的磷、硫、硅添加剂不太适用于降低三七的砷污染。

7.2　展　望

本章主要研究了单一添加磷、硫、硅、零价铁、沸石、硅胶、硅藻土添加剂对降低砷污染土壤中三七砷富集的影响，同时考察了添加剂对三七生长及主要药效成分积累的影响，为采取有效措施保障三七的安全生长、提高三七的品质及安全性提供有效的方法和理论支持。基于本章的研究结果，还有以下方面可以进一步做更加深入的研究：

（1）本章研究了磷、硫、硅添加剂对三七根中砷价态含量变化的影响，甲基砷的比例有所提高，三价砷的比例有所降低，推测可能是三价砷在三七根系形成巯基络合物而导致本章的 HPLC-HG-AFS 检测方法无法检测到，因此对于三价砷在植物体内的存在形式，还需选用同步辐射扩展 X 射线吸收精细结构（SREXAFS）等方法进一步表征研究，对本书的推测进行验证，对于甲基砷的形成机制也有必要进一步研究。

（2）本章初步研究表明，零价铁处理下三七根部皂苷含量与药效成分关键酶基因表达量基本没有显著相关性，由于药效成分合成过程复杂，许多种酶都有参与，而且不同酶的基因也有很多种，本章研究的这几种可能与皂苷含量没有相关性，下一步还需研究沸石、硅胶等其他添加剂对三七中药效成分关键酶基因表达量的影响，或者选择其他的基因来深入研究。

（3）后续可以选择不含钠离子的磷、硫、硅添加剂处理三七砷污染土壤，排除钠离子对三七生长影响的干扰；还可以采用营养元素和钝化剂联合施用的方法来进一步探讨更好地降低三七砷富集的方法，并且在大田的实际情况下进行应用研究。

（4）研究不同添加剂对土壤微生物、土壤肥力的影响，从而来深入阐释其对三七生长的影响以及考察对土壤环境的影响，更加全面地评价该添加剂的综合效果。

参考文献

［1］Abbas M H H, Meharg A A. Arsenate, arsenite and dimethyl arsinic acid（DMA）uptake and tolerance in maize（*Zea mays* L.）［J］. Plant and Soil, 2008, 304(1-2)：277-289.

［2］Abedin M J, Cotter-Howells J, Meharg A A. Arsenic uptake and accumulation in rice（*Oryza sativa* L.）irrigated with contaminated water［J］. Plant and Soil, 2002, 240(2)：311-319.

［3］Agely A, Sylvia D M, Ma L Q. Mycorrhizae increase arsenic uptake by the hyperaccumulator Chinese brake fern（Pteris vittata L.）［J］. Journal of Environmental Quality, 2005, 34(6)：2181-2186.

［4］Ahmann D, Krumholz L R, Hemond H F, et al. Microbial Mobilization of Arsenic from Sediments of the Aberjona Watershed［J］. Environmental Science & Technology, 1997, 31(10)：2923-2930.

［5］Ampiah-Bonney R J, Tyson J F, Lanza G R. Phytoextraction of Arsenic from Soil by *Leersia Oryzoides*［J］. International Journal of Phytoremediation, 2007, 9(1)：31-40.

［6］Bai J, Lin X, Yin R, et al. The influence of arbuscular mycorrhizal fungi on As and P uptake by maize（Zea mays L.）from As-contaminated soils［J］. Applied Soil Ecology, 2008, 38(2)：137-145.

［7］Bailey S E, Olin T J, Bricks R M, et al. A review of potentially low-cost sorbents for heavy metals［J］. Water research, 1999, 33(11)：2469-2479.

［8］Beesley L, Inneh O S, Norton G J, et al. Assessing the influence of compost and biochar amendments on the mobility and toxicity of metals and arsenic in a naturally contaminated mine soil［J］. Environmental Pollution, 2014, 186：195-202.

［9］Beesley L, Marmiroli M, Pagano L, et al. Biochar addition to an arsenic contaminated soil increases arsenic concentrations in the pore water but reduces uptake to tomato plants（*Solanum lycopersicum* L.）［J］. Science of the Total Environment, 2013, 454-455：598-603.

［10］Bergqvist C. Arsenic accumulation in various plant types［D］. Stockholm：Stockholm University, 2011.

［11］Bian R, Chen D, Liu X, et al. Biochar soil amendment as a solution to prevent Cd-tainted rice from China：results from a cross-site field experiment［J］. Ecological Engineering, 2013, 58：378-383.

［12］Bienert G P, Thorsen M, Schussler M D, et al. A subgroup of plant aquaporins facilitate the bi-directional diffusion of As(OH)$_3$ and Sb(OH)$_3$ across membranes［J］. BMC Biology, 2008, 6：26.

［13］Bogdan K, Schenk M K. Arsenic in rice（*Oryza sativa* L.）related to dynamics of arsenic and silicic acid in paddy soils［J］. Environmental Science & Technology, 2008, 42(21)：7885-7890.

［14］Bowler C, Van Montagu M, Dirk I. Superoxide dismutase and stress tolerance［J］. Annual Review of Plant Biology, 1992, 43(1)：83-116.

［15］Brewster M D, passmore R J. Use of electrochemical iron generation for removing heavy metals from contaminated groundwater［J］. Environ Progress, 1994, 13(2)：143-148.

［16］Campos N V, Loureiro M E, Azevedo A A. Differences in phosphorus translocation contributes to differential arsenic tolerance between plants of *Borreria verticillata*（Rubiaceae）from mine and non-mine sites［J］. Environmental Science and Pollution Research, 2014, 21(8)：5586-5596.

［17］Cao H, Jiang Y, Chen J, et al. Arsenic accumulation in *Scutellaria baicalensis Georgi* and its effects on plant growth and pharmaceutical components［J］. Journal of Hazardous Materials, 2009, 171(1-3)：508-513.

［18］Cao X, Ma L Q. Effects of compost and phosphate on plant arsenic accumulation from soils near pressure-treated wood[J]. Environmental Pollution, 2004, 132(3): 435-442.

[19]Caporale A G, Pigna M, Sommella A, et al. Influence of compost on the mobility of arsenic in soil and its uptake by bean plants (*Phaseolus vulgaris* L.) irrigated with arsenite-contaminated water[J]. Journal of Environmental Management, 2013, 128: 837-843.

[20]Carbonell-Barrachina A A, Burló F, Burgos-Hernández A, et al. The influence of arsenite concentration on arsenic accumulation in tomato and bean plants[J]. Scientia Horticulturae (Amsterdam), 1997, 71 (3-4):167-176.

[21]Carlson L, Bigham J M, Schwertmann U, et al. Scavenging of As from acid mine drainage by schwertmannite and ferrihydrite: a comparison with synthetic analogues [J]. Environmental Science & Technology, 2002, 36(8): 1712-1719.

[22]Chilvers D C, Peterson P J. Global cycling of arsenic. In:Hutchinson T C, Meema K M, editors. Lead, mercury, cadmium and arsenic in the environment. SCOPE, 1987,31:279-301.

[23]Chou M, Jean J, Sun G, et al. Distribution and accumulation of arsenic in rice plants grown in arsenic-rich agricultural soil[J]. Agronomy Journal, 2014, 106(3): 945.

[24]Cooper K, Noller B, Connell D, et al. Public health risks from heavy metals and metalloids present in traditional Chinese medicines[J]. Journal of Toxicology and Environmental Health, Part A, 2007, 70 (19): 1694-1699.

[25]Dahal B M, Fuerhacker M, Mentler A, et al. Arsenic contamination of soils and agricultural plants through irrigation water in Nepal[J]. Environmental Pollution, 2008, 155(1): 157-163.

[26]Das J, Patra B S, Baliarsingh N, et al. Adsorption of phosphate by layered double hydroxides in aqueous solutions[J]. Applied Clay Science. 2006, 32(3-4): 252-260.

[27]Devi B S R, Kim Y, Sathiyamoorthy S, et al. Classification and characterization of putative cytochrome P450 genes from *Panax ginseng* CA Meyer[J]. Biochemistry (Moscow), 2011, 76(12): 1347-1359.

[28]Dhankher O P, Li Y J, Rosen B P, et al. Engineering tolerance and hyperaccumulation of arsenic in plants by combining arsenate reductase and gamma-glutamylcysteine synthetase expression[J]. Nature Biotechnology, 2002, 20(11): 1140-1145.

[29]Diels L, Van der Lelie N, Bastiaens L. New developments in treatment of heavy metal contaminated soils[J]. Reviews in Environmental Science and Biotechnology, 2002, 1(1): 75-82.

[30]Dixit G, Singh A P, Kumar A, et al. Sulfur mediated reduction of arsenic toxicity involves efficient thiol metabolism and the antioxidant defense system in rice[J]. Journal of Hazardous Materials, 2015, 298: 241-251.

[31]Dong Y, Zhu Y G, Smith F A, et al. Arbuscular mycorrhiza enhanced arsenic resistance of both white clover (Trifolium repens Linn.) and ryegrass (Lolium perenne L.) plants in an arsenic-contaminated soil [J]. Environmental Pollution, 2008, 155(1):174-181.

[32]Duan G, Liu W, Chen X, et al. Association of arsenic with nutrient elements in rice plants[J]. Metallomics, 2013, 5(7): 784-792.

[33]Edvantoro B B, Naidu R, Megharaj M, et al. Microbial formation of volatile arsenic in cattle dip site soils contaminated with arsenic and DDT[J]. Applied Soil Ecology, 2004, 25(3):207-217.

[34]Ernst E. Heavy metals in traditional Chinese medicines: a systematic review[J]. Clinical Pharmacology & Therapeutics, 2001, 70(6): 497-504.

[35]Fan J, Xia X, Hu Z, et al. Excessive sulfur supply reduces arsenic accumulation in brown rice[J]. Plant Soil and Environment, 2013, 59(4): 169-174.

[36]Farrow E M, Wang J, Burken J G, et al. Reducing arsenic accumulation in rice grain through iron oxide amendment[J]. Ecotoxicology and Environmental Safety, 2015, 118: 55-61.

[37]Fleck A T, Mattusch J, Schenk M K. Silicon decreases the arsenic level in rice grain by limiting arsenite transport[J]. Journal of Plant Nutrition and Soil Science, 2013, 176(5): 785-794.

[38]Francesconi K, Visoottiviseth P, Sridokchan W, et al. Arsenic species in an arsenic hyperaccumulating fern, Pityrogramma calomelanos: a potential phytoremediator of arsenic-contaminated soils[J]. Science of the Total Environment, 2002, 284(1-3):27-35.

[39]Gadepalle V P, Ouki S K, René Van Herwijnen, et al. Effects of amended compost on mobility and uptake of arsenic by rye grass in contaminated soil[J]. Chemosphere, 2008, 72(7):1056-1061.

[40]Garcia-Manyes S, Jiménez G, Padró A, et al. Arsenic speciation in contaminated soils[J]. Talanta, 2002, 58(1): 97-109.

[41]Garcia-Sanchez A, Alvarez-Ayuso E, Rodri -Martin E. Sorption of As(V) by oxyhydroxides and clay minerals: Application to its immobilization in two pollution mining soils[J]. Clay Minerals, 2002, 37: 187-194.

[42]Ghosh M, Shen J, Rosen B P. Pathways of As(III) detoxification in Saccharomyces cerevisiae[C]. Proceedings of the National Academy of Sciences USA, 1999,96(9):5001-5006.

[43]Geng C, Zhu Y, Tong Y, et al. Arsenate (As) uptake by and distribution in two cultivars of winter wheat (*Triticum aestivum* L.)[J]. Chemosphere, 2006, 62(4): 608-615.

[44]Giannopolitis C N, Ries S K. Superoxide dismutase in higher plants[J]. Plant Physiology, 1977, 59 (2): 309-314.

[45]Gonzalez-Chavez C, Harris P J, Meharg J D A. Arbuscular Mycorrhizal Fungi Confer Enhanced Arsenate Resistance on Holcus lanatus[J]. New Phytologist, 2002, 155(1):163-171.

[46]Gonzalezchavez C, Harris P J, Dodd J, et al. Arbuscular mycorrhizal fungi confer enhanced arsenate resistance on Holcus lanatus[J]. New Phytologist, 2010, 155(1):163-171.

[47]Gregory S J, Anderson C W N, Camps Arbestain M, et al. Response of plant and soil microbes to biochar amendment of an arsenic-contaminated soil[J]. Agriculture, Ecosystems & Environment, 2014, 191: 133-141.

[48]Han J, In J, Kwon Y, et al. Regulation of ginsenoside and phytosterol biosynthesis by RNA interferences of squalene epoxidase gene in *Panax ginseng*[J]. Phytochemistry, 2010, 71(1): 36-46.

[49]Hartley W, Lepp N W. Effect of in situ soil amendments on arsenic uptake in successive harvests of ryegrass (Lolium perenne cv Elka) grown in amended As-polluted soils[J]. Environmental Pollution, 2008, 156(3):1030-1040.

[50]Hartley W, Edwards R, Lepp N W. Arsenic and heavy metal mobility in iron oxide-amended contaminated soils as evaluated by short and long-term leaching tests[J]. Environmental Pollution, 2004, 131:495-504.

[51]Hartley W, Lepp N W. Remediation of arsenic contaminated soils by iron-oxide application, evaluated in terms of plant productivity, arsenic and phytotoxic metal uptake[J]. Science of the Total Environment, 2008, 390(1): 35-44.

[52]Hartley W, Dickinson N M, Riby P, et al. Arsenic mobility in brownfield soils amended with green waste compost or biochar and planted with Miscanthus[J]. Environment Pollution,2009,157(10):2654-2662.

[53]Hodges D M, Delong J M, Forney C F, et al. Improving the thiobarbituric acid-reactive-substances assay for estimating lipid peroxidation in plant tissues containing anthocyanin and other interfering compounds[J]. Plan-

ta, 1999, 207(4): 604-611.

[54] Hu F, Zhong J. Jasmonic acid mediates gene transcription of ginsenoside biosynthesis in cell cultures of *Panax notoginseng* treated with chemically synthesized 2-hydroxyethyl jasmonate[J]. Process Biochemistry, 2008, 43(1): 113-118.

[55] Hu H, Zhang J, Wang H, et al. Effect of silicate supplementation on the alleviation of arsenite toxicity in 93-11 (Oryza sativa L. indica)[J]. Environmental Science and Pollution Research, 2013, 20(12): 8579-8589.

[56] Hu Z, Zhu Y, Li M, et al. Sulfur (S)-induced enhancement of iron plaque formation in the rhizosphere reduces arsenic accumulation in rice (*Oryza sativa* L.) seedlings[J]. Environmental Pollution, 2007, 147(2): 387-393.

[57] Huang H, Jia Y, Sun G X, et al. Arsenic Speciation and Volatilization from Flooded Paddy Soils Amended with Different Organic Matters[J]. Environmental Science & Technology, 2012, 46(4):2163-2168.

[58] Huang J H, Hu K N, Decker B. Organic arsenic in the soil environment: Speciation, occurrence, transformation, and adsorption behavior. Water, Air &Soil Pollution, 2011,219:1-15.

[59] Isayenkov S V, Maathuis F J M. The *Arabidopsis thaliana* aquaglyceroporin AtNIP7;1 is a pathway for arsenite uptake[J]. FEBS Letters, 2008, 582(11): 1625-1628.

[60] Jain A, Raven K P, Loeppert R H. Arsenite and arsenate adsorption on ferrihydrite: Surface charge reduction and net OH⁻ release stoichiometry[J]. Environmental Science and Technology, 1999, 33(8): 1179-1184.

[61] Jia Y, Bao P, Zhu Y. Arsenic bioavailability to rice plant in paddy soil: influence of microbial sulfate reduction[J]. Journal of Soils and Sediments, 2015, 15(9): 1960-1967.

[62] Jia Y, Huang H, Sun G, et al. Pathways and relative contributions to arsenic volatilization from rice plants and paddy soil[J]. Environmental Science & Technology, 2012, 46(15): 8090-8096.

[63] Katerina V, Nymphodora P, Ioannis P. Removal of heavy metal and arsenic from soils using bioremediation and chelant extraction techniques[J]. Chemosphere, 2008, 70(12): 1329-1337.

[64] Kertulis-Tartar G M, Ma L Q, Tu C, et al. Phytoremediation of an Arsenic-Contaminated Site Using Pteris vittata L.: A Two-Year Study[J]. International Journal of Phytoremediation, 2006, 8(4): 311-322.

[65] Kim O T, Bang K H, Kim Y C, et al. Upregulation of ginsenoside and gene expression related to triterpene biosynthesis in ginseng hairy root cultures elicited by methyl jasmonate[J]. Plant Cell, Tissue and Organ Culture (PCTOC), 2009, 98(1): 25-33.

[66] King D J, Doronila A I, Feenstra C, et al. Phytostabilisation of arsenical gold mine tailings using four Eucalyptus species: Growth, arsenic uptake and availability after five years[J]. Science of the Total Environment, 2008, 406(1-2):35-42.

[67] Kocar B D, Fendorf S.Thermodynamic constrains on reductive reactions influencing biogeochemistry of arsenic in soils and sediments[J]. Environment Science Technology, 2009, 43:4781-4877.

[68] Koh H, Woo S. Chinese proprietary medicine in Singapore: regulatory control of toxic heavy metals and undeclared drugs[J]. Drug safety, 2000, 23(5): 351-362.

[69] Kumpiene J, Lagerkvist A, Maurice C. Stabilization of As, Cr, Cu, Pb and Zn in soil using amendments-a review[J]. Waste Management, 2008, 28(1): 215-225.

[70] Kumpiene J, Ore S, Renella G, et al. Assessment of zerovalent iron for stabilization of chromium, copper, and arsenic in soil[J]. Environmental Pollution, 2006, 144(1): 62-69.

[71] Langdon C J, Piearce T G, Black S, et al. Resistance to arsenic-toxicity in a population of the earthworm Lumbricus rubellus[J]. Soil Biology & Biochemistry, 1999, 31(14):1963-1967.

[72] Leung H M, Ye Z H, Wong M H. Interactions of mycorrhizal fungi with Pteris vittata (As hyperaccumulator) in As-contaminated soils[J]. Environmental pollution, 2006, 139(1):1-8.

[73] Leupin O X, Hug S J. Oxidation and removal of arsenic (III) from aerated groundwater by filtration through sand and zero-valent iron[J]. Water Research, 2005, 39(9): 1729-1740.

[74] Li R Y, Ago Y, Liu W J, et al. The rice aquaporin Lsi1 mediates uptake of methylated arsenic species [J]. Plant Physiology, 2009, 150(4): 2071-2080.

[75] Li R Y, Stroud J L, Ma J F, et al. Mitigation of arsenic accumulation in rice with water management and silicon fertilization[J]. Environmental Science & Technology, 2009, 43(10): 3778-3783.

[76] Liu W J, Wood B A, Raab A, et al. Complexation of arsenite with phytochelatins reduces arsenite efflux and translocation from roots to shoots in Arabidopsis[J]. Plant Physiology, 2010, 152(4): 2211-2221.

[77] Liu W J, Zhu Y G, Hu Y, et al. Arsenic sequestration in iron plaque, its accumulation and speciation in mature rice plants (Oryza Sativa L.)[J]. Environmental Science & Technology, 2006, 40(18): 5730-5736.

[78] Liu W, Mcgrath S P, Zhao F. Silicon has opposite effects on the accumulation of inorganic and methylated arsenic species in rice[J]. Plant and Soil, 2014, 376(1-2): 423-431.

[79] Liu Y, Zhu Y G, Chen B D, et al. Influence of the arbuscular mycorrhizal fungus Glomus mosseae on uptake of arsenate by the As hyperaccumulator fern Pteris vittata L[J]. Mycorrhiza, 2005, 15(3):187-192.

[80] Lou L Q, Shi G L, Wu J H, et al. The influence of phosphorus on arsenic uptake/efflux and as toxicity to wheat roots in comparison with sulfur and silicon[J]. Journal of Plant Growth Regulation, 2015, 34(2): 242-250.

[81] Luo H, Sun C, Sun Y, et al. Analysis of the transcriptome of Panax notoginseng root uncovers putative triterpene saponin-biosynthetic genes and genetic markers[J]. BMC genomics, 2011, 12(Suppl 5): S5.

[82] Luo L, Zhang S Z, Shan X Q, et al. Arsenate sorption on two Chinese red soils evaluated using macroscopic measurements and EXAFS spectroscopy[J]. Environmental Toxicology and Chemistry, 2006, 25: 3118-3124.

[83] Ma J F, Yamaji N, Mitani N, et al. Transporters of arsenite in rice and their role in arsenic accumulation in rice grain[J]. Proceedings of the National Academy of Sciences of the United States of America, 2008, 105(29): 9931-9935.

[84] Ma L Q, Komar K M, Tu C, et al. A fern that hyperaccumulates arsenic[J]. Nature, 2001, 409: 579.

[85] Mamindy-Pajany Y, Hurel C, Geret F, et al. Comparison of mineral-based amendments for ex-situ stabilization of trace elements (As, Cd, Cu, Mo, Ni, Zn) in marine dredged sediments: a pilot-scale experiment[J]. Journal of Hazardous Materials, 2013, 252-253: 213-219.

[86] Manceau A, Charlet L, Boisset M C, et al. Sorption and speciation of heavy metals on hydrous Fe and Mn oxides. From microscopic to macroscopic[J]. Applied Clay Science, 1992, 7(1-3): 201-223.

[87] Mandal B K, Suzuki K T. Arsenic round the world: A review[J]. Talanta, 2002, 58:201-235.

[88] Marin A R, Masscheleyn P H, Patrick W H. Soil redox-pH stability of arsenic species and its influence on arsenic uptake by rice[J]. Plant and Soil, 1993, 152(2): 245-253.

[89] Matsumoto S, Kasuga J, Taiki N, et al. Inhibition of arsenic accumulation in Japanese rice by the application of iron and silicate materials[J]. Catena, 2015, 135: 328-335.

[90] Meharg A A, Bailey J, Breadmore K, et al. Biomass allocation, phosphorus nutrition and vesicular-arbus-

cular mycorrhizal infection in clones of Yorkshire Fog, Holcus lanatus L. (Poaceae) that differ in their phosphate uptake kinetics and tolerance to arsenate[J]. Plant & Soil, 1994, 160(1):11-20.

[91]Meharg A A, Cairney J W G. Co-evolution of mycorrhizal symbionts and their hosts to metal-contaminated environments[J]. Advances in Ecological Research, 2000, 30(08):69-112.

[92]Meharg A A, Macnair M R. Suppression of the high-affinity phosphate-uptake system: A mechanism of arsenate tolerance in *Holcus lanatus* L[J]. Journal of Experimental Botany, 1992, 43(249): 519-524.

[93]Melchart D, Wagner H, Hager S, et al. Quality assurance and evaluation of Chinese medicinal drugs in a hospital of traditional Chinese medicine in Germany: a five-year report[J]. Alternative Therapies in Health and Medicine, 2001, 7: S24.

[94]Mendez M O, Maier R M. Phytoremediation of mine tailings in temperate and arid environments[J]. Reviews in Environmental Science and Bio/Technology, 2008, 7(1):47-59.

[95]Menzies W N, Donn J M, Kopittke M P. Evaluation of extra for estimation of the phytoavailable trace metals in soils[J]. Environmental Pollution, 2007, 145(1): 121-130.

[96]Monique B, Frimmel F H. Arsenic-a review. Part I : Occurrence, toxicity, speciation, mobility. Acta Hydrochim Hydrobiol, 2003,31(1):9-18.

[97]Moreno-Jimenez E, Esteban E, Penalosa J M. The fate of arsenic in soil-plant systems[A] // Whitacre D M. Reviews of Environmental Contamination and Toxicology, 2012.

[98]Murphy E A, Aucott M. An assessment of the amounts of arsenical pesticides used historically in a geographical area[J]. Science of the Total Environment, 1998, 218(2): 89-101.

[99]Mylona P V, Polidoros A N, Scandalios J G. Modulation of antioxidant responses by arsenic in maize[J]. Free Radical Biology and Medicine, 1998, 25(4-5): 576-585.

[100]Naidu R, Smith E, Owens Q, et al. Managing arsenic in the environment: from soil to human health[M]. CSIRO Publishing, 2006: 419-432.

[101]Niu Y, Luo H, Sun C, et al. Expression profiling of the triterpene saponin biosynthesis genes FPS, SS, SE, and DS in the medicinal plant *Panax notoginseng*[J]. Gene, 2014, 533(1): 295-303.

[102]Nolan A I, Zhang H, Mclaughln M J. Prediction of zinc, cadmium, lead and copper availability to wheat in contaminated soils using chemical speciation diffusive gradients in thin films, extraction, and isotopic dilution techniques[J].Journal of Environmental Quality, 2005, 34:496-508.

[103]Nriaur J O, Pacyna J M. Quantitative assessment of worldwide contamination of air, water and soils by trace metals[J]. Nature,1988,333:134-139.

[104]Onken B M, Adriano D C. Arsenic availability in soil with time under saturated and subsaturated conditions[J]. Soil Science Society of America Journal, 1997, 61(3): 746-752.

[105] Patwardhan B, Warude D, Pushpangadan P, et al. Ayurveda and traditional Chinese medicine: a comparative overview[J]. Evidence-Based Complementary and Alternative Medicine, 2005, 2(4): 465-473.

[106]Peryea F J. Evaluation of five soil test for predicting responses of apple trees planted in lead arsenic-contaminated soil[J]. Communications in Soil Science and Plant Analysis, 2002, 33: 243-257.

[107]Peryea F J. Phosphate starter fertilizer temporarily enhances soil arsenic uptake by apple trees grown under field conditions[J]. HortScience, 1998, 33(5): 826-829.

[108]Pickering I J, Prince R C, George M J, et al. Reduction and coordination of arsenic in Indian mustard [J]. Plant Physiology, 2000, 122(4): 1171-1177.

[109]Pigna M, Cozzolino V, Caporale A G, et al. Effects of phosphorus fertilization on arsenic uptake by

wheat grown in polluted soils[J]. Journal of Soil Science and Plant Nutrition, 2010, 10(4): 428-442.

[110]Porter S K, Scheckel K G, Impellitteri C A, et al. Toxic metals in the environment: thermodynamic considerations for possible immobilization strategies for Pb, Cd, As, and Hg[J]. Critical Reviews in Environmental Science and Technology, 2004, 34(6): 495-604.

[111]Pütter J, Peroxidase. Methods of enzymatic analysis[M]. New York, Verlag Chemie, Weinheim,1974.

[112]Raab A, Feldmann J, Meharg A A. The nature of arsenic-phytochelatin complexes in *Holcus lanatus* and *Pteris cretica*[J]. New phytologist, 2004, 134(3): 1113-1122.

[113]Raab A, Schat H, Meharg A A, et al. Uptake, translocation and transformation of arsenate and arsenite in sunflower (*Helianthus annuus*): formation of arsenic-phytochelatin complexes during exposure to high arsenic concentrations[J]. New phytologist, 2005, 168(3): 551-558.

[114]Raab A, Williams P N, Meharg A, et al. Uptake and translocation of inorganic and methylated arsenic species by plants[J]. Environmental Chemistry, 2007, 4(3): 197.

[115]Rahman M A, Kadohashi K, Maki T, et al. Transport of DMAA and MMAA into rice (*Oryza sativa* L.) roots[J]. Environmental and Experimental Botany, 2011, 72(1): 41-46.

[116]Rao C R M, Sahuquilo A, Sanchez L J F. A review of the different methods applied in environmental geochemistry for single and sequential extraction of trace elements in soils and related materials[J]. Water Air and Soil Pollution, 2008, 189(1-4): 291-333.

[117]Rémy Bayard, Chatain V, Céline Gachet, et al. Mobilisation of arsenic from a mining soil in batch slurry experiments under bio-oxidative conditions[J]. Water Research, 2006, 40(6):1240-1248.

[118]Robert M. Augé. Water relations, drought and vesicular-arbuscular mycorrhizal symbiosis[J]. Mycorrhiza, 2001, 11(1):3-42.

[119]Ruiz-Lozano J M, Collados C, Barea J M, et al. Arbuscular Mycorrhizal Symbiosis can Alleviate Drought-Induced Nodule Senescence in Soybean Plants[J]. New Phytologist, 2010, 151(2):493-502.

[120]Sadiq M. Arsenic chemistry in soils: an overview of thermodynamic predictions and field observations [J]. Water Air and Soil Pollution, 1997, 93(1-4): 117-136.

[121]Sastre J, Hernández E, Rodrí guez R, et al. Use of sorption and extraction tests to predict the dynamics of the interaction of trace elements in agricultural soils contaminated by a mine tailing accident[J]. Science of the Total Environment, 2004, 329(1-3): 261-281.

[122]Seki H, Ohyama K, Sawai S, et al. Licorice β-amyrin 11-oxidase, a cytochrome P450 with a key role in the biosynthesis of the triterpene sweetener glycyrrhizin[J]. Proceedings of the National Academy of Sciences, 2008, 105(37): 14204-14209.

[123]Seyfferth A L, Fendorf S. Silicate mineral impacts on the uptake and storage of arsenic and plant nutrients in rice (*Oryza sativa* L.)[J]. Environmental Science & Technology, 2012, 46(24): 13176-13183.

[124]Sharma V K, Sohn M. Aquatic arsenic: Toxicity, speciation, transformation, and remediation[J]. Environ. Int, 2009,35:743-759.

[125]Sharples J M, Meharg A A, Chambers S M, et al. Evolution: Symbiotic solution to arsenic contamination[J]. Nature, 2000a, 404(6781):951-952.

[126]Sharples J M, Meharg A A, Chambers S M, et al. Mechanism of Arsenate Resistance in the Ericoid Mycorrhizal Fungus Hymenoscyphus ericae[J]. Plant Physiology, 2000b, 124(3):1327-1334.

[127]Shin H, Shin H S, Dewbre G R, et al. Phosphate transport in Arabidopsis: Pht1;1 and Pht1;4 play a major role in phosphate acquisition from both low and high-phosphate environments[J]. Plant Journal, 2004, 39(4): 629-642.

[128] Singh R, Singh S, Parihar P, et al. Arsenic contamination, consequences and remediation techniques: A review[J]. Ecotoxicology and Environmental Safety, 2015, 112: 247-270.

[129] Snars K, Gilkes R, Hughes J. Effect of soil amendment with bauxite Bayer process residue (red mud) on the availability of phosphorus in very sandy soils[J]. Australian Journal of Soil Research, 2003, 41 (6): 1229.

[130] Song R, Zhao C, Liu J, et al. Effect of sulphate nutrition on arsenic translocation and photosynthesis of rice seedlings[J]. Acta Physiologiae Plantarum, 2013, 35(11): 3237-3243.

[131] Srivastava M, Ma L Q, Santos J A G. Three new arsenic hyperaccumulating ferns[J]. Science of the Total Environment, 2006, 364(1-3):24-31.

[132] Srivastava S, D'Souza S F. Effect of variable sulfur supply on arsenic tolerance and antioxidant responses in *Hydrilla verticillata* (L.f.) Royle[J]. Ecotoxicology and Environmental Safety, 2010, 73 (6): 1314-1322.

[133] Stoeva N, Bineva T. Oxidative changes and photosynthesis in oat plants grown in As-contaminated soil[J]. Plant Physiology, 2003, 29(1-2): 87-95.

[134] Strawn D G, Rigby A C, Baker L L, et al. Biochar soil amendment effects on arsenic availability to mountain brome (*Bromus marginatus*)[J]. Journal of Environment Quality, 2015, 44(4): 1315.

[135] Su S, Zeng X, Bai L, et al. Bioaccumulation and biovolatilisation of pentavalent arsenic by Penicillin janthinellum, Fusarium oxysporum and Trichoderma asperellum under laboratory conditions[J]. Current microbiology, 2010, 61(4): 261-266.

[136] Subramanian V, Madhavan N, Naqvi SAS. Arsenic in our environment-a critical review. Environmental hazards in south Asia, edited by V. Subramanian. New Delhi: Capital Publishing Company, 2002,189-214.

[137] Szakova J, Tlustos P, Goessler W, et al. Mobility of arsenic and its compounds in soil and soil solution: The effect of soil pretreatment and extraction methods[J]. Journal of hazardous materials, 2009, 172 (2): 1244-1251.

[138] Tabak H H, Lens P, van Hullebusch E D, et al. Developments in bioremediation of soils and sediments polluted with metals and radionuclides-1. Microbial processes and mechanisms affecting bioremediation of metal contamination and influencing metal toxicity and transport[J]. Reviews in Environmental Science and Bio/Technology, 2005, 4(3): 115-156.

[139] Tessier A, Campbell P, Bisson M. Sequential extraction procedure for the speciation of particulate trace-metals[J]. Analytical Chemistry, 1979, 51(7): 844-851.

[140] Tokunaga S, Hakuta T. Acid washing and stabilization of an artificial arsenic-contaminated soil[J]. Chemo-sphere, 2002, 46(1): 31-38.

[141] Tu C, Ma L Q, Zhang W, et al. Arsenic species and leachability in the fronds of the hyperaccumulator Chinese brake (Pteris vittata L.)[J]. Environmental Pollution, 2003, 124(2):223-230.

[142] Valls M, De L V. Exploiting the genetic and biochemical capacities of bacteria for the remediation of heavy metal pollution[J]. Fems Microbiology Reviews, 2003, 26(4):327-338.

[143] Visoottiviseth P, Francesconi K, Sridokchan W. The potential of Thai indigenous plant species for the phytoremediation of arsenic contaminated land[J]. Environmental Pollution, 2002, 118(3):453-461.

[144] Wang C, Mcentee E, Wicks S, et al. Phytochemical and analytical studies of *Panax notoginseng* (Burk.) F.H. Chen[J]. Journal of Natural Medicines, 2006, 60(2): 97-106.

[145] Wang F, Chen Z, Zhang L, et al. Arsenic uptake and accumulation in rice (*Oryza sativa* L.) at different growth stages following soil incorporation of roxarsone and arsanilic acid[J]. Plant and Soil, 2006,

285(1-2): 359-367.

[146]Wang L, Duan G. Effect of external and internal phosphate status on arsenic toxicity and accumulation in rice seedlings[J]. Journal of Environmental Sciences (China), 2009, 21(3): 346-351.

[147]Wenzel W W, Kirchbaumer N, Prohaska T, et al. Arsenic fractionation in soils using an improved sequential extraction procedure[J]. Analytica Chimica Acta, 2001, 436(2): 309-323.

[148]WHO. Environmental Health Criteria 224: Arsenic and arsenic compounds[M]. Geneva: World Health Organization, 2001.

[149]Williams P N, Villada A, Deacon C, et al. Arsenic shoot assimilation in rice leads to elevated grain levels compared to wheat and barley[J]. Environmental Science & Technology, 2007, 41(19): 6854-6859.

[150]Woolson E A, Axley J H, Kearney P G. Correlation between available soil arsenic, estimated by six methods, and response of corn (Zea ways L.)[J]. Soil Science Society of America Journal, 1971, 35 (1): 101-105.

[151]Wu C, Zou Q, Xue S, et al. Effects of silicon (Si) on arsenic (As) accumulation and speciation in rice (*Oryza sativa* L.) genotypes with different radial oxygen loss (ROL)[J]. Chemosphere, 2015, 138: 447-453.

[152]Wu Z, Ren H, Mcgrath S P, et al. Investigating the contribution of the phosphate transport pathway to arsenic accumulation in rice[J]. Plant Physiology, 2011, 157(1): 498-508.

[153]Xia Y S, Chen B D, Christie P, et al. Arsenic uptake by arbuscular mycorrhizal maize (Zea mays L.) grown in an arsenic-contaminated soil with added phosphorus[J]. Journal of Environmental Sciences, 2007, 19(10):1245-1251.

[154]Yan X L, Lin L Y, Liao X Y, et al. Arsenic accumulation and resistance mechanism in *Panax notoginseng*, a traditional rare medicinal herb[J]. Chemosphere, 2012, 87(1): 31-36.

[155]Yan X L, Lin L Y, Liao X Y, et al. Arsenic stabilization by zero-valent iron, bauxite residue, and zeolite at a contaminated site planting *Panax notoginseng*[J]. Chemosphere, 2013, 93(4): 661-667.

[156]Yan X, Kerrich R, Hendry M J. Distribution of arsenic(Ⅲ), arsenic(Ⅴ) and total inorganic arsenic in porewaters from a thick till and clay-rich aquitard sequence, Saskatchewan, Canada[J]. Geochimica et Cosmochimica Acta, 2000, 64(15): 2637-2648.

[157]Zeng X B, Su S M, Jiang X L, et al. Capability of pentavalent arsenic bioaccumulation and biovolatilization of three fungal strains under laboratory conditions[J]. Clean Soil Air Water, 2010, 38(3): 238-241.

[158]Zhang J, Zhao Q, Duan G, et al. Influence of sulphur on arsenic accumulation and metabolism in rice seedlings[J]. Environmental and Experimental Botany, 2011, 72(1): 34-40.

[159]Zhao F J, Ma J F, Meharg A A, et al. Arsenic uptake and metabolism in plants[J]. New Phytologist, 2009, 181(4): 777-794.

[160]Zhao F, Mcgrath S P, Meharg A A. Arsenic as a food chain contaminant: mechanisms of plant uptake and metabolism and mitigation strategies[J]. Annual review of plant biology, 2010, 61: 535-559.

[161]Zhong J, Wang D. Improvement of cell growth and production of ginseng saponin and polysaccharide in suspension cultures of *Panax notoginseng*: Cu^{2+} effect[J]. Journal of Biotechnology, 1996, 46(1): 69-72.

[162]鲍建才,刘刚,丛登立,等. 三七的化学成分研究进展[J]. 中成药, 2006, 28(2): 246-253.

[163]毕伟东,王成艳,王成贤. 砷及砷化物与人类疾病[J].微量元素与健康研究,2002,19(2):76-79.

[164]蔡保松. 蜈蚣草富集砷能力的基因型差异及其对环境因子的反应[D].浙江大学,2004.

[165]曾东,许振成.抗砷菌对蜈蚣草生长及其砷吸收能力的影响[J].环境污染与防治,2010,32(5): 43-46.

[166]曾鸿超,张文斌,冯光泉,等.土壤砷污染对三七皂苷含量的影响[J].特产研究,2011(4):25-27.

[167]曾燕,郭兰萍,杨光,等.环境生态因子对药用植物皂苷成分的影响[J].中国实验方剂学杂志,2012,18(17):313-318.

[168]常思敏,马新明,蒋媛媛,等.土壤砷污染及其对作物的毒害研究进展[J].河南农业大学学报,2005,39(2):161-166.

[169]陈静,方萍.土壤–植物系统中磷和砷相互作用关系的研究进展[J].四川环境,2010,29(6):118-121.

[170]陈静,王学军,朱立军.pH对砷在贵州红壤中的吸附的影响[J].土壤,2004,36(2):211-214.

[171]陈静,王学军,朱立军.pH值和矿物成分对砷在红土中迁移的影响[J].环境化学,2003,22(2):121-125.

[172]陈璐,米艳华,万小铭,等.外源磷素对药用植物三七吸收砷的微区及形态分布特征影响[J].生态环境学报,2015,24(9):1576-1581.

[173]陈素华,孙铁珩,周启星,等.微生物与重金属间的相互作用及其应用研究[J].应用生态学报,2002(2):239-242.

[174]陈同斌,刘更另.土壤中砷的吸附和砷对水稻的毒害效应与pH值的关系[J].中国农业科学,1993,26(1):63-68.

[175]陈同斌,宋波,郑袁明,等.北京市蔬菜和菜地土壤砷含量及其健康风险分析[J].地理学报,2006,61(3):297-310.

[176]陈同斌,阎秀兰,廖晓勇,等.蜈蚣草中砷的亚细胞分布与区隔化作用[J].科学通报,2005,50(24):2739-2744.

[177]陈同斌.砷毒田中有机肥对水稻生长和产量的影响[J].生态农业研究,1995(3):19-22.

[178]陈中坚,孙玉琴,黄天卫,等.三七栽培及其GAP研究进展[J].世界科学技术,2005,7(1):67-73.

[179]陈中坚,杨莉,王勇,等.三七栽培研究进展[J].文山学院学报,2012,25(6):1-12.

[180]崔秀明,陈朝梁,陈中坚.三七GAP栽培技术[M].昆明:云南科技出版社,2002.

[181]崔秀明,陈中坚,王朝梁,等.三七皂苷积累规律的研究[J].中国中药杂志,2001,26(1):25-26.

[182]崔秀明,陈中坚,王朝梁,等.土壤环境条件对三七皂甙含量的影响[J].人参研究,2000,12(3):18-21.

[183]崔秀明,黄璐琦,郭兰萍,等.中国三七产业现状及发展对策[J].中国中药杂志,2014,39(4):553-557.

[184]崔秀明,王朝梁,李伟,等.三七吸收氮、磷、钾动态的分析[J].云南农业科技,1994(2):9-10.

[185]丁琮,陈志良,李核.化学萃取修复砷污染土壤的研究进展[J].土壤通报,2013,44(1):252-256.

[186]杜彩艳,段宗颜,曾民,等.田间条件下不同组配钝化剂对玉米(Zea mays)吸收Cd、As和Pb影响研究[J].生态环境学报,2015,24(10):1731-1738.

[187]樊香绒,尹黎燕,李伟,等.中国莲(Nelumbo nucifera)幼苗抗氧化系统对砷胁迫的响应[J].植物科学学报,2013,31(6):570-575.

[188]冯光泉,刘云芝,张文斌,等.三七药材砷污染途径研究[J].中药材,2005,28(8):645-647.

[189]冯光泉,刘云芝,张文斌,等.三七植物体中重金属残留特征研究[J].中成药,2006,28(12):1796-1798.

[190]冯江,黄鹏,周建民.100种中药材中有害元素铅镉砷的测定和意义[J].微量元素与健康研究,2001,18(2):43-44.

[191]冯仕江.微生物—超富集植物联合修复二苯砷酸污染土壤研究[D].贵阳:贵州大学,2016.

[192]冯素萍,鞠莉,沈永,等.沉积物中重金属形态分析方法研究进展[J].化学分析计量,2006,15(4)：72-74.

[193]付世景,宗良纲,张丽娜,等.镉、铅对板蓝根种子发芽及抗氧化系统的影响[J].种子,2007,26(3)：14-17.

[194]高宁大.外源磷或有机质对板蓝根吸收转运的影响研究[D].保定：河北农业大学,2012.

[195]高园园,周启星.纳米零价铁在污染土壤修复中的应用与展望[J].农业环境科学学报,2013,32(3)：418-425.

[196]格鲁德夫.重金属和砷污染土壤的微生物净化[J].国外金属矿选矿,1999(10)：40-42.

[197]关连珠,周景景,张昀,等.不同来源生物炭对砷在土壤中吸附与解吸的影响[J].应用生态学报,2013,24(10)：2941-2946.

[198]郭观林,周启星,李秀颖.重金属污染土壤原位化学固定修复研究进展[J].应用生态学报,2005,16(10)：1990-1996.

[199]郭凌,卜玉山,张曼,等.煤基腐殖酸对外源砷胁迫下玉米生长及生理性状的影响[J].环境工程学报,2014,8(2)：758-766.

[200]郭伟,朱永官,梁永超,等.土壤施硅对水稻吸收砷的影响[J].环境科学,2006,27(7)：1393-1397.

[201]国家药典委员会.中华人民共和国药典(2010年版)[M].北京：化学工业出版社,2010.

[202]韩爱民,蔡继红,屠锦河,等.水稻重金属含量与土壤质量的关系[J].环境监测管理与技术,2002(3)：27-28+32.

[203]韩建萍,梁宗锁.氮、磷对丹参生长及丹参素和丹参酮ⅡA积累规律研究[J].中草药,2005,36(5)：756-759.

[204]韩小丽,张小波,郭兰萍,等.中药材重金属污染现状的统计分析[J].中国中药杂志,2008,33(18)：2041-2048.

[205]韩照祥,冯贵颖,吕文洲,等.环境中As(Ⅲ)对小麦萌发的影响及砷毒害防治初探[J].西北植物学报,2002(1)：123-128.

[206]郝南明,田洪,苟丽.三七生长初期不同部位重金属元素含量测定[J].微量元素与健康研究,2004,21(5)：27-28.

[207]何菁,尹光彩,李莲芳,等.骨炭/纳米铁对污染红壤中砷形态和有效性的影响研究[J].农业环境科学学报,2014,33(8)：1511-1518.

[208]何俊瑜,任艳芳,王阳阳,等.不同耐性水稻幼苗根系对镉胁迫的形态及生理响应[J].生态学报,2011,31(2)：522-528.

[209]和凤美.三七消减文库构建和皂苷合成关键酶基因克隆及表达[D].成都：四川大学,2006.

[210]胡立琼,曾敏,雷鸣,等.含铁材料对污染水稻土中砷的稳定化效果[J].环境工程学报,2014,8(4)：1599-1604.

[211]黄丽玫,陈志澄,颜戊利.砷污染区植物种植的筛选研究[J].环境与健康杂志,2006,23(4)：308-310.

[212]黄瑞卿,王果,汤榕雁,等.酸性土壤有效态砷提取方法研究[J].农业环境科学学报,2005,24(3)：610-615.

[213]黄泽春,陈同斌,雷梅,等.砷超富集植物中砷化学形态及其转化的EXAFS研究[J].中国科学(C辑：生命科学),2003,33(6)：488-494.

[214]纪冬丽,孟凡生,薛浩,等.国内外土壤砷污染及其修复技术现状与展望[J].环境工程技术学报,2016,6(1)：90-99.

[215]贾炎,黄海,张思宇,等. 无机砷和甲基砷在水稻体内吸收运移的比较研究[J]. 环境科学学报, 2012, 32(10): 2483-2489.

[216]姜新福,孙向阳,关裕宗. 天然沸石在土壤改良和肥料生产中的应用研究进展[J]. 草业科学, 2004, 21(4): 48-51.

[217]姜阳,朱美霖,崔斌,等. 中药三七中砷的健康风险评价[C]. //风险分析和危机反应的创新理论和方法——中国灾害防御协会风险分析专业委员会第五届年会论文集. 2012.

[218]姜阳. 砷在三七中的累积分布规律及其对药效成分的影响与健康风险评价[D]. 北京: 北京师范大学, 2013.

[219]蒋彬,张慧萍. 水稻精米中铅镉砷含量基因型差异的研究[J]. 云南师范大学学报(自然科学版), 2002, 22(3): 37-40.

[220]蒋汉明,邓天龙,赖冬梅,等. 砷对植物生长的影响及植物耐砷机理研究进展[J]. 广东微量元素科学, 2009, 16(11): 1-5.

[221]金晶炜,熊俊芬,许岳飞. 砷污染土壤的植物修复研究进展[J]. 云南农业大学学报, 2008, 23(6): 860-866.

[222]金艳,徐晔,王娟,等. 土壤中砷的污染控制技术研究[J]. 四川环境, 2014, 33(3): 162-166.

[223]孔祥斌,张凤荣,齐伟,等.集约化农区土地利用变化对土壤养分的影响——以河北省曲周县为例[J].地理学报,2003,58(3):333-342.

[224]蓝安军,熊康宁,安裕伦.喀斯特石漠化的驱动因子分析——以贵州省为例[J].水土保持通报,2001,21(6):19-23.

[225]雷鸣,曾敏,廖柏寒,等. 含磷物质对水稻吸收土壤砷的影响[J]. 环境科学, 2014, 35(8): 3149-3154.

[226]雷梅,陈同斌,范稚连,等.磷对土壤中砷吸附的影响[J].应用生态学报,2003(11):1989-1992.

[227]雷鸣,曾敏,郑袁明,等. 湖南采矿区和冶炼区水稻土重金属污染及其潜在风险评价[J]. 环境科学学报, 2008, 28(6): 1212-1220.

[228]李典友,陆亦农.土壤中砷污染的危害和防治对策研究[J].新疆师范大学学报(自然科学版),2005(4):89-91.

[229]李季,黄益宗,保琼莉,等. 几种改良剂对矿区土壤中 As 化学形态和生物可给性的影响[J]. 环境化学, 2015, 34(12): 2198-2203.

[230]李剑睿,徐应明,林大松,等. 农田重金属污染原位钝化修复研究进展[J]. 生态环境学报, 2014, 23(4): 721-728.

[231]李婧菲. 外源铁对土壤-水稻系统中重金属和砷迁移的影响[D]. 长沙: 中南林业科技大学, 2013.

[232]李莲芳,曾希柏,白玲玉,等. 石门雄黄矿周边地区土壤砷分布及农产品健康风险评估[J]. 应用生态学报, 2010, 21(11): 2946-2951.

[233]李梅华,苏薇薇,吴忠. 56 种药材内有害元素 As、Hg 的含量比较[J]. 广东微量元素科学, 1995, 2(8): 54-57.

[234]李明遥,张妍,杜立宇,等. 生物炭与沸石混施对土壤 Cd 形态转化的影响[J]. 水土保持学报, 2014, 28(3): 248-252.

[235]李鹏,安志装,赵同科,等. 天然沸石对土壤镉及番茄生物量的影响[J]. 生态环境学报, 2011, 20(6-7): 1147-1151.

[236]李珅.三七三萜皂甙合成途径鲨烯环氧酶基因的克隆及初步表达[D]. 南宁: 广西医科大学, 2006.

[237] 李圣发, 普红平, 王宏镔. 砷对植物光合作用影响的研究进展[J]. 土壤, 2008, 40(3): 360-366.

[238] 李圣发. 土壤砷污染及其植物修复的研究进展与展望[J]. 地球与环境, 2011, 39(3): 429-434.

[239] 李士杏, 骆永明, 章海波, 等. 红壤不同粒级组分中砷的形态——基于连续分级提取和 XANES 研究[J]. 环境科学学报, 2011, 31(12): 2733-2739.

[240] 李卫东. 文山州三七 GAP 种植区环境质量状况调查[J]. 云南环境科学, 2004, 23(S2): 168-170.

[241] 李友. 砷中毒机制研究进展[J]. 国外医学(卫生学分册), 2001, 28(5): 261-264, 314.

[242] 李月芬, 王冬艳, 汤洁, 等. 吉林西部土壤砷的形态分布及其与土壤性质的关系研究[J]. 农业环境科学学报, 2012, 31(3): 516-522.

[243] 李真理, 张彪, 焦玉字, 等. 土壤砷的形态与粮食作物品质安全相关性研究[J]. 中国农学通报, 2015, 31(20): 148-152.

[244] 李正, 杭悦宇, 周义峰.何首乌块根中砷、镉、汞和铅含量的检测及其富集特性[J].植物资源与环境学报, 2005(2): 54-55.

[245] 李祖然, 祖艳群. 药用植物砷污染现状及其对生长和药效成分影响的研究进展[J]. 环境科学导刊, 2015, 34(2): 11-16.

[246] 连娟, 郭再华, 贺立源. 砷胁迫下磷用量对不同磷效率水稻苗生长、磷和砷吸收的影响[J]. 中国水稻科学, 2013, 27(3): 273-279.

[247] 梁新华, 栾维江, 梁军, 等. 硼等4种元素对甘草酸生物合成关键酶基因表达的 RT-PCR 分析[J]. 时珍国医国药, 2011, 22(10): 2351-2353.

[248] 廖晓勇, 陈同斌, 谢华, 等.磷肥对砷污染土壤的植物修复效率的影响:田间实例研究[J].环境科学学报, 2004(3): 455-462.

[249] 廖晓勇, 陈同斌, 阎秀兰, 等.不同磷肥对砷超富集植物蜈蚣草修复砷污染土壤的影响[J].环境科学, 2008(10): 2906-2911.

[250] 林龙勇, 于冰冰, 廖晓勇, 等. 三七及其中药制剂中砷和重金属含量及健康风险评估[J]. 生态毒理学报, 2013, 8(2): 244-249.

[251] 林龙勇. 三七中砷的积累过程及其耐性机制研究[D]. 武汉: 华中农业大学, 2012.

[252] 林云青, 章钢娅. 粘土矿物修复重金属污染土壤的研究进展[J]. 中国农学通报, 2009, 25(24): 422-427.

[253] 林志灵, 张杨珠, 曾希柏, 等. 土壤中砷的植物有效性研究进展[J]. 湖南农业科学, 2011(3): 52-56.

[254] 刘家忠, 龚明. 植物抗氧化系统研究进展[J]. 云南师范大学学报(自然科学版), 1999, 19(6): 1-11.

[255] 刘全吉, 郑床木, 谭启玲, 等. 土壤高砷污染对冬小麦和油菜生长影响的比较研究[J]. 浙江农业学报, 2011, 23(5): 967-971.

[256] 刘文菊, 赵方杰. 植物砷吸收与代谢的研究进展[J]. 环境化学, 2011, 30(1): 56-62.

[257] 刘燕红. 改良剂调控对海州香薷修复铜镉复合污染红壤的影响[D]. 南昌: 南昌航空大学, 2010.

[258] 刘云璐. 化学—微生物联合调控土壤砷生物有效性及其机理研究[D].北京:中国农业科学院, 2013.

[259] 柳晓娟, 林爱军, 孙国新, 等. 三七中砷的来源及其健康风险初步评价[J]. 环境化学, 2009, 28(5): 770-771.

[260] 龙朝明. 三七研究综述[J]. 实用中医药杂志, 2013, 29(6): 502-503.

[261] 罗智文, 陈琳, 莫小平. 硅藻土的吸附机理和研究现状[J]. 内江科技, 2008(9): 110-123.

[262] 马杰, 韩永和, 周小勇, 等. 不同浸提方法对土壤及蜈蚣草中砷形态浸提效果[J]. 现代仪器, 2012, 18(2): 16-19.

[263]莫昌瑚,肖超.贵州独山锑矿区农用土壤中砷污染的研究[J].贵阳学院学报(自然科学版),
　　　2015,10(2):43-46.

[264]聂发辉.关于超富集植物的新理解[J].生态环境,2005,14(1):136-138.

[265]牛士冲,张维维,王涛,等.活化硅胶对重金属铜的吸附探究[J].沈阳理工大学学报,2015,34
　　　(2):44-47.

[266]牛云云,朱孝轩,罗红梅,等.三萜皂苷合成生物学元件的初步开发:三七鲨烯环氧酶编码基因克
　　　隆及表达模式分析[J].药学学报,2013(2):211-218.

[267]庞冬辉,李先琨,何成新,等.桂西峰丛岩溶区的环境特点及农业生态系统优化设计[J].广西植物,
　　　2003,23(5):408-413,398.

[268]裴艳艳,杨兰芳,麻成杰,等.土壤加砷对魔芋砷的含量、吸收与分布的影响[J].湖北大学学报(自然
　　　科学版),2013,35(3):277-282.

[269]沙乐乐.水稻镉污染防控钝化剂和叶面阻控剂的研究与应用[D].武汉:华中农业大学,2015.

[270]沈生元,肖艳平,尹睿,等.AM真菌与蚯蚓对玉米修复砷污染农田土壤的影响[J].江苏农业学报,
　　　2011,27(3):523-530.

[271]盛琳,赖伟勇,张俊清,等.制首乌饮片中的砷及重金属元素含量研究[J].中国热带医学,2007,7
　　　(3):457-459.

[272]石磊,葛锋,刘迪秋,等.三七总皂苷生物合成与关键酶调控的研究进展[J].西北植物学报,
　　　2010,30(11):2358-2364.

[273]史明明,刘美艳,曾佑林,等.硅藻土和膨润土对重金属离子Zn^{2+}、Pb^{2+}及Cd^{2+}的吸附特性[J].环
　　　境化学,2012,31(2):162-167.

[274]史晓凯,刘利军,党晋华,等.改良剂对土壤修复及油菜吸收复合污染的影响研究[J].灌溉排水学
　　　报,2013,32(6):104-107.

[275]史振环,莫佳,莫斌吉,等.有色金属矿山尾矿砷污染及其研究意义[J].有色金属(矿山部分),
　　　2015,67(2):58-62.

[276]宋红波,范辉琼,杨柳燕,等.砷污染土壤生物挥发的研究[J].环境科学研究,2005(1):61-63+89.

[277]宋书巧,周永章,周兴,等.土壤砷污染特点与植物修复探讨[J].热带地理,2004(1):6-9.

[278]孙海,张亚玉,孙长伟,等.不同生长模式下人参土壤养分状况与人参皂苷含量的关系[J].西北农
　　　业学报,2012,21(8):146-152.

[279]孙晶晶,祖艳群,马妮,等.文山三七中As分配规律及其对皂苷和黄酮含量的影响[J].安徽农业
　　　科学,2014,42(12):3511-3515.

[280]孙立影,于志晶,李海云,等.植物次生代谢物研究进展[J].吉林农业科学,2009,34(4):4-10.

[281]孙璐,丛海扬,姚一夫.土壤砷污染的微生物修复技术研究进展[J].污染防治技术,2012,25
　　　(4):49-54.

[282]孙歆,韦朝阳,王五一.土壤中砷的形态分析和生物有效性研究进展[J].地球科学进展,2006,21
　　　(6):625-632.

[283]孙颖,赵恒伟,葛锋,等.三七中SS基因超表达载体的构建及其遗传转化[J].药学学报,2013,48
　　　(1):138-143.

[284]孙永珍,牛云云,李滢,等.西洋参PqERF1基因的克隆和生物信息学分析[J].药学学报,2011
　　　(8):1008-1014.

[285]孙永珍.灵芝三萜酸、喜树碱、人参皂苷合成及调控基因的筛选、克隆和功能分析[D].北京:北京
　　　协和医学院,2011.

[286]孙宇,薛培英,陈苗,等.生长介质中硅/砷比对水稻吸收和转运砷的影响[J].水土保持学报,

2015, 29(4): 148-152.

[287] 孙媛媛. 几种钝化剂对土壤砷生物有效性的影响与机理[D]. 北京: 中国农业大学, 2015.

[288] 汤亚杰, 李艳, 李冬生, 等. S-腺苷甲硫氨酸的研究进展[J]. 生物技术通报, 2007(2): 76-81.

[289] 唐芳, 梅向阳, 梁娟. 沸石吸附去除废水中的砷和氟的实验研究[J]. 应用化工, 2010, 39(9): 1341-1344.

[290] 佟巍, 张养军, 秦伟捷, 等. 高效硅胶化学键合固定相的研究进展[J]. 色谱, 2010, 28(10): 915-922.

[291] 涂书新, 韦朝阳. 我国生物修复技术的现状与展望[J]. 地理科学进展, 2004(6): 20-32.

[292] 汪京超, 李楠楠, 谢德体, 等. 砷在植物体内的吸收和代谢机制研究进展[J]. 植物学报, 2015, 50(4): 516-526.

[293] 王朝梁, 陈中坚, 崔秀明, 等. 文山三七的原产地域产品特征[J]. 中国中药杂志, 2004, 29(6): 22-25.

[294] 王朝梁, 崔秀明. 三七农残重金属研究现状及对策[J]. 现代中药研究与实践, 2003(S1): 36-38.

[295] 王东红, 庞欣, 冯雍, 等. 铅胁迫下La(NO₃)₃对油菜抗氧化酶的影响[J]. 环境化学, 2002, 21(4): 324-328.

[296] 王东明, 贾媛, 崔继哲. 盐胁迫对植物的影响及植物盐适应性研究进展[J]. 中国农学通报, 2009, 25(4): 124-128.

[297] 王建锋, 谢世友. 西南喀斯特地区石漠化问题研究综述[J]. 环境科学与管理, 2008, 3(11): 147-152.

[298] 王建益. 土壤淋洗—植物提取技术联合修复砷污染土壤关键过程研究[D]. 长沙: 湖南农业大学, 2013.

[299] 王萍, 胡江, 冉炜, 等. 提高供磷可缓解砷对番茄的胁迫作用[J]. 土壤学报, 2008, 45(3): 503-509.

[300] 王万军, 邵聚红, 赵彦巧. 天然沸石在环境污染治理中的研究现状和发展趋势[J]. 资源环境与工程, 2007, 21(2): 187-192.

[301] 王秀丽, 梁成华, 马子惠, 等. 施用磷酸盐和沸石对土壤镉形态转化的影响[J]. 环境科学, 2015, 36(4): 1437-1444.

[302] 王永, 徐仁扣. As(Ⅲ)在可变电荷土壤中的吸附与氧化的初步研究[J]. 土壤学报, 2005(4): 609-613.

[303] 王永昌, 杨仁斌, 龚道新, 等. 人工生态系统修复砷污染土壤的应用研究[J]. 湖南农业科学, 2007(3): 95-97.

[304] 韦朝阳, 陈同斌, 黄泽春, 等. 大叶井口边草———一种新发现的富集砷的植物[J]. 生态学报, 2002, 22(5): 777-778.

[305] 魏复盛, 陈静生, 吴燕玉, 等. 中国土壤环境背景值研究[J]. 环境科学, 1991, 12(4): 12-19.

[306] 文武. 土壤砷的化学固定修复技术研究[D]. 长沙: 中南林业科技大学, 2012.

[307] 吴鹏, 谷俊涛, 修乐山, 等. 刺五加P450基因时空表达差异及与皂苷含量的相关性分析[J]. 河北农业大学学报, 2014, 37(3): 29-33.

[308] 吴耀生, 朱华, 李珅, 等. 三七鲨烯合酶基因在三七根、茎、芦头中的转录表达与三萜皂苷合成[J]. 中国生物化学与分子生物学报, 2007(12): 1000-1005.

[309] 夏立江, 华珞, 韦东普. 部分地区蔬菜中的含砷量[J]. 土壤, 1996(2): 105-109.

[310] 夏运生, 陈保冬, 朱永官, 等. 外加不同铁源和丛枝菌根对砷污染土壤上玉米生长及磷、砷吸收的影响[J]. 环境科学学报, 2008(3): 516-524.

[311] 肖细元, 陈同斌, 廖晓勇, 等. 我国主要蔬菜和粮油作物的砷含量与砷富集能力比较[J]. 环境科学

学报，2009，29(2)：291-296.

[312]谢正苗，黄昌勇，何振立. 土壤中砷的化学平衡[J]. 环境科学进展，1998，6(1)：23-38.

[313]邢朝斌，吴鹏，李菲菲，等. 刺五加细胞色素 P450 基因的克隆与表达分析[J]. 生物技术通报，2014(1)：112-115.

[314]徐鼎，刘艳丽，杜克兵，等. 砷对植物生长的影响及抗氧化系统响应机制研究进展[J]. 湖北林业科技，2014，43(1)：8-15.

[315]徐卫红，Kachenko A G，Singh B. 砷超积累植物粉叶蕨及其对砷的吸收富集研究[J]. 水土保持学报，2009，23(2)：173-177.

[316]许嘉琳，杨居荣，荆红卫. 砷污染土壤的作物效应及其影响因素[J]. 土壤，1996(2)：85-89.

[317]薛培英，刘文菊，段桂兰，等. 外源磷对苗期小麦和水稻根际砷形态及其生物有效性的影响[J]. 生态学报，2009，29(4)：2027-2034.

[318]阎秀兰，廖晓勇，于冰冰，等. 药用植物三七对土壤中砷的累积特征及其健康风险[J]. 环境科学，2011，32(3)：880-885.

[319]杨桂娣，刘智峰，林立清，等. 营养调控对三价砷胁迫下苗期水稻叶绿素 SPAD 值的影响[J]. 福建农林大学学报(自然科学版)，2013，42(5)：453-458.

[320]杨兰芳，何婷，赵莉. 土壤砷污染对大豆砷含量与分布的影响[J]. 湖北大学学报(自然科学版)，2011，33(2)：202-208.

[321]杨柳燕，肖琳. 环境微生物技术[M]. 北京：科学出版社，2003.

[322]杨晓娟，李春俭. 植物砷的生理和分子生物学研究进展——从土壤、根际到植物吸收、运输及耐性[J]. 植物营养与肥料学报，2010，16(5)：1264-1275.

[323]尹永强，胡建斌，邓明军. 植物叶片抗氧化系统及其对逆境胁迫的响应研究进展[J]. 中国农学通报，2007，23(1)：105-110.

[324]于冰冰，阎秀兰，廖晓勇，等. 用于表征三七种区土壤中可利用态砷的化学提取剂的筛选[J]. 农业环境科学学报，2011，30(8)：1573-1579.

[325]于冰冰. 云南文山三七种植区土壤和三七中砷的分布特征及其健康风险[D]. 南京：南京农业大学，2011.

[326]俞协治，成杰民. 蚯蚓对土壤中铜、镉生物有效性的影响[J]. 生态学报，2003(5)：922-928.

[327]袁延强，韩利文，王德源，等. 三七中达玛烷型皂苷的研究[J]. 山东科学，2008，21(5)：28-30.

[328]张从，夏立江. 污染土壤生物修复技术[M]. 北京：中国环境科学出版社，2000：301-302.

[329]张广莉，宋光煜，赵红霞. 磷影响下根际无机砷的形态分布及其对水稻生长的影响[J]. 土壤学报，2002，39(1)：17-22.

[330]张晖芬，赵春杰，倪娜. 5 种补益类中药中重金属的含量测定[J]. 沈阳药科大学学报，2003，20(1)：8-11.

[331]张美一，Yu W，Dongye Z，等. 稳定化的零价 Fe，FeS，Fe_3O_4 纳米颗粒在土壤中的固砷作用机理[J]. 科学通报，2009，54(23)：3637-3644.

[332]张敏. 化学添加剂对土壤砷生物有效性调控的效果和初步机理研究[D]. 武汉：华中农业大学，2009.

[333]张文斌，曾鸿超，冯光泉，等. 不同栽培地区的三七总砷及无机砷含量分析[J]. 中成药，2011，32(2)：291-293.

[334]张文斌，刘云芝，冯光泉. 土壤砷污染对三七药材中砷残留量的影响[J]. 现代中药研究与实践，2003，(S1)：32-34.

[335]张秀，郭再华，杜爽爽，等. 砷胁迫下水磷耦合对不同磷效率水稻农艺性状及精米砷含量的影响[J].

作物学报, 2013, 39(10): 1909-1915.

[336] 张子龙, 王文全. 三七本草研究概述[J]. 世界科学技术(中医药现代化), 2010, 12(2): 271-276.

[337] 赵慧敏. 铁盐-生石灰对砷污染土壤固定/稳定化处理技术研究[D]. 北京: 中国地质大学, 2010.

[338] 赵小虎, 刘文清, 张冲, 等. 蔬菜种植前施用石灰对土壤中有效态重金属含量的影响[J]. 广东农业科学, 2007(7): 47-49.

[339] 赵中秋, 崔玉静, 朱永官. 菌根和根分泌物在植物抗重金属中的作用[J]. 生态学杂志, 2003(6): 81-84.

[340] 郑全喜, 苏显中, 王河清, 等. 中草药体外抑菌作用的研究进展[J]. 中国医药生物技术, 2009, 4(4): 295-298.

[341] 中华人民共和国环境保护部. 土壤环境质量标准: GB 15618—2005[S]. 北京: 中国标准出版社, 2005.

[342] 中华人民共和国商务部. 药用植物及制剂外经贸绿色行业标准: WM/T2—2004[S]. 北京: 中国标准出版社, 2005.

[343] 中华人民共和国卫生部. 食品中污染物限量标准: GB 2762—2012[S]. 北京: 中国标准出版社, 2012.

[344] 周淑芹, 丁勇, 周勤. 土壤砷污染对农作物生长的影响[J]. 现代化农业, 1996(12): 6-7.

[345] 周游游, 蒋忠诚, 韦珍莲. 广西中部喀斯特干旱农业区的干旱程度及干旱成因分析[J]. 中国岩溶, 2003, 22(2): 144-149.

[346] 朱广龙, 马茵, 霍张丽, 等. 酸枣保护酶活性和膜脂过氧化产物对干旱胁迫的响应[J]. 中国野生植物资源, 2014, 33(3): 5-10.

[347] 朱华, 吴耀生. 实时荧光定量 PCR 检测三七 SS 基因表达的初步实践[J]. 广西植物, 2008(5): 703-707.

[348] 朱美霖. 镉和砷在三七中的吸收转运规律及其毒性效应与相关机制[D]. 北京: 北京师范大学, 2014.

[349] 朱晓龙, 刘妍, 甘国娟, 等. 湘中某工矿区土壤及作物砷污染特征及其健康风险评价[J]. 环境化学, 2014, 33(9): 1462-1468.